二氧化碳捕集与光催化资源化利用

郭少红　贾　恒◎编著

吉林大学出版社

·长　春·

图书在版编目（CIP）数据

二氧化碳捕集与光催化资源化利用 / 郭少红，贾恒编著. -- 长春 : 吉林大学出版社，2024. 12. -- ISBN 978-7-5768-4476-4

Ⅰ. X701.7；\t0643.36

中国国家版本馆CIP数据核字第202526HB14号

书　　名：二氧化碳捕集与光催化资源化利用
ERYANGHUATAN BUJI YU GUANGCUIHUA ZIYUANHUA LIYONG

作　　者：郭少红　贾　恒
策划编辑：李承章
责任编辑：李承章
责任校对：陈　曦
装帧设计：刘　丹
出版发行：吉林大学出版社
社　　址：长春市人民大街4059号
邮政编码：130021
发行电话：0431-89580036/58
网　　址：http://www.jlup.com.cn
电子邮箱：jldxcbs@sina.com
印　　刷：北京北印印务有限公司
开　　本：787mm×1092mm　1/16
印　　张：10.75
字　　数：180千字
版　　次：2025年6月　第1版
印　　次：2025年6月　第1次
书　　号：ISBN 978-7-5768-4476-4
定　　价：68.00元

前　言

全球人口的增长和人类社会对化石燃料的高度依赖正在加剧全球的环境问题和能源危机。为了缓解以上两个问题所带来的压力，我们迫切需要将CO_2进行捕集和资源化利用。捕集的方式有很多，本书主要列举了化学吸附、固体吸附和膜分离。CO_2资源化利用的途径有光催化、电催化、热催化和光电催化等，它们都是将环境中过度排放的CO_2转化为CO、HCOOH和甲醇等高附加值的低碳燃料。由于线性CO_2分子在热力学上是非常稳定的，所以高效的催化剂和足够的能量输入是必不可少的。而CO_2光催化还原的能量来源是清洁、可再生的太阳光，因此它被认为是解决全球气候变化和潜在能源短缺的最佳策略之一。

目前，CO_2光催化还原反应得到科研工作者的广泛关注，并报道了各种催化剂。尽管CO_2光催化的研究已经取得了显著成就，但仍面临一些基本的挑战，例如很多反应体系需要贵金属光敏剂、CO_2分子在催化剂表面的吸附和活化较差、缺乏理论计算与实验结果的结合等。基于以上挑战，本书介绍了几类典型的光催化剂，例如硫族半导体、金属有机框架、卤素钙钛矿和金属纳米簇，并将作者的一些工作详细阐述，以增加读者对某些材料的理解和认识。

谨向相关作者致谢。本书在编著过程中得到了很多同行和同事的大力支持，感谢内蒙古师范大学贾美林教授、贾晶春教授、常迎副教授、王奖副教授和赵瑞生副教授等人的帮助，感谢李春霞和于慧敏等同学的付出，感谢所有给出宝贵意见的老师和同学们。由于水平有限，书中难免有疏漏和不妥之处，恳请读者及时反馈于我，以便再版时修订。

郭少红　贾　恒

2024年5月10日

目 录

第1章 绪 论

1.1 引 言

在过去的两个世纪中，天然气、石油和煤炭等化石燃料对于生产能源和日用化学品至关重要，约占全球一次能源消耗量的80%[1]。2012年，全球能源消耗速率约为16 TW（1 TW = 1万亿瓦），到2050年预测达到40 TW，2100年将接近60 TW[2]。

然而，化石燃料的形成需要数亿年的时间。能源消耗率远远超过其形成率，这导致人类社会必须更多地依赖于可持续发展技术[3]。全球人口的增长和对化石燃料的高度依赖正在导致这些化石能源的枯竭。同时，化石燃料燃烧将大量的CO_2排放到大气中。

CO_2是大气中不可或缺的组成部分，也是温室气体的主要成分。在过去60年中，CO_2浓度增长速度变得更快。2018年，约有338.908亿吨CO_2被释放到大气中[4]。截至2019年9月，全球大气中CO_2浓度达到407.65 ppm，在过去40年中增加了约20%[5]。

政府间气候变化专门委员会（IPCC）指出，如果不限制CO_2的排放，至2100年CO_2在大气中的含量将高达590 ppm，这可能导致全球平均温度同步上升1.9 ℃[6]。

大气中CO_2浓度持续上升，使世界气候发生重大且可能不可逆转的变化。毫无疑问，减缓CO_2排放已成为一个世界性的紧迫问题，其突破可能为全球能源、环境和经济挑战提供创新性的解决方案[7]。为了应对这种变化，人类正在努力寻找从大气中捕集CO_2或从源头捕获CO_2的方法。与此同时，CO_2被认为是一种廉价的碳源，科研工作者正在研究将CO_2直接作为原料，用于化学产品的转化[8]。

1.2 CO_2过度排放造成的危害

CO_2作为主要温室气体，过量排放对全球气候变化和人类健康构成巨大威胁。早在19世纪50年代，Tyndall[9]就指出，虽然CO_2在大气中仅占0.03%～0.04%，但它对气候的影响是巨大的，就像微量的药物可以对身体产生刺激作用一样。由于全球气候系统的惯性，即使目前碳排放为零，环境影响仍将持续数百年[10-11]。

1.2.1 对环境造成的危害

由于被排放到大气中的CO_2会捕获热量，从而导致温度升高，使得地球气候逐渐变暖。气候变化导致海洋变暖，海冰覆盖减少（或海冰融化增加），全球海平面上升。

自1993 年以来，全球平均海平面每年上升约3 ± 0.4 mm[12]。如果不减少温室气体的排放量，预计2100年全球平均海平面将至少上升1m[13]。目前，CO_2等温室气体浓度还在增加，冰盖的融化和海洋热含量的增加预计使得海平面上升的速度会加快。

同时，地表蒸发增加，深水通风模式发生变化，可能改变未来地表海洋碳酸盐条件和酸化[14-15]。随着空气和海洋温度变暖，海冰融化增加会导致盐度下降[16]。在与来自河口或融化冰川附近的淡水径流混合的地方，海水盐度可能会大幅下降。这些变化可能产生的生物学后果对海洋生物和生态系统的影响越来越大，例如钙化率、酸碱调节、血液循环和呼吸、神经系统、生物多样性变化和营养相互作用等[17]。

海洋中CO_2的浓度会影响酸度，从而影响海洋生态系统。在前工业时代，海洋的CO_2平均浓度为280 ppm，今天约为390 ppm[18]。在当前CO_2排放的基础上，如果不进行干预，在21世纪海洋中CO_2的浓度将达到约1 000 ppm。CO_2被海洋吸收，从而导致其pH值下降，随后打破碳酸盐的平衡[19]。溶解的CO_2

形成碳酸，碳酸很容易分解成碳酸氢盐（HCO_3^-）、碳酸盐（CO_3^{2-}）和质子（H^+）。H^+浓度增加，进而导致海水pH值降低[20]。据报道，过去150年来，海洋中的pH值降低0.1个单位或相当于增加30%的H^+[21]。额外的H^+还与游离碳酸根离子（CO_3^{2-}）结合，导致游离碳酸根离子浓度下降[20]并增加海洋的酸度。CO_2浓度的小幅增加会对海洋生态系统产生重大影响，例如对生理机能、骨骼结构、个体行为和栖息地退化的影响[22]。这些变化可以带来协同效应，在多个尺度上影响海洋生态系统。这些变化已经发生在海洋中，在未来几十年中，严重的后果将显而易见。

由于气候变化导致的洪水泛滥得到人们越来越多的关注。在世界范围内每年都会发生大型和破坏性的洪水，并造成大量物质损失和人员伤亡。洪水的危害不仅与水的深度、速度和持久性有关，而且还与洪水携带的溶解和悬浮载荷有关，包括洪水何时变成泥石流。沉积物和固体和液体物质，包括未经处理的污水和范围广泛的污染物，会影响洪水泛滥的地区，通常会造成严重的健康危害[23]。

根据相关报道可知，2010年夏季，巴基斯坦、印度和中国都遭受了大洪水，2010年10月至12月期间哥伦比亚遭遇洪水，而同年澳大利亚的南方在夏季受到洪水袭击。2010年，中国因河流洪水造成了最大的年度损失，据报道总损失达510亿美元。2010年，巴基斯坦的季风洪水导致近2 000人死亡[24]。2012年，非洲马达加斯加、尼日尔和尼日利亚发生了“致命洪水”，各造成50多人死亡。随着时间的推移，报道的洪水灾害和洪水损失有所增加。这种增长的部分原因可能是洪水易发地区的人口增加和城市化、财产价值的增加以及对自然风险的认识不足。

CO_2排放量的持续增加不仅对海洋生态系统产生负面影响，还将导致降水格局的改变，增加极端天气事件发生频率和强度[25]。它是导致环境退化的罪魁祸首，并以多种方式产生直接和间接的负面影响。中国作为世界上主要的碳排放国之一，在过去40年里遭受了气候变化的巨大伤害。因此，治理气候变暖对于人类的高质量和可持续发展至关重要。

1.2.2 对人类健康产生的威胁

气候变化不仅会增加全球洪水、干旱和其他严重事件的可能性，还会通过空气污染、疾病传播和粮食损失等事件威胁公众健康。气候变化对人类健康具有重大威胁[26-27]。然而，很少有研究关注大气中CO_2浓度增加对人类健康的直接影响。在整个人类进化过程中，大气中CO_2浓度稳定在约250 ppm[28]，因此人类可能不适应慢性或间歇性暴露于高浓度的CO_2环境中。在2000年，美国普通人群中血清碳酸氢盐为23.7 mmol/L，而2012年为25.2 mmol/L，通过数据表明了人体内的血清碳酸氢盐呈上升趋势，这可能归因于CO_2在大气中的浓度增加，从而导致CO_2储存在了人体内[29-30]。

有确切的证据表明，气候变化已经对人类健康构成威胁，如果不加以控制，情况会变得更糟[31-33]。鉴于气候变化有可能逆转经济发展对健康的益处，应对气候变化可能是21世纪最关键的全球健康问题[34]。根据世界卫生组织在2021年5月的报道可知，在全球范围内，65岁以上老年人与高温相关的死亡率在过去20年中几乎翻了一番，2018年大概30万人死亡。欧洲区域与热相关的死亡人数在同一个20年间增加了30%以上[35]。

虽然CO_2不是污染物，但可通过呼吸道吸入、皮肤接触和眼睛接触对人类产生不利影响。医学研究表明，CO_2水平升高会导致潜在疾病的高概率发生，包括炎症、认知能力下降、骨骼脱钙、肾钙化、氧化应激和内皮功能障碍[31, 36]。

Hacquemand等人[37]和Martrette等人[38]通过动物实验发现，长期接触700 ppm CO_2会导致生理功能障碍。Rice[39]和Schaefer[40]指出，长期接触CO_2会降低注意力，最终导致身体的协调性和抵抗力下降。当空气中CO_2浓度达到0.85%时，人体肺腔可能会发生明显变化，当浓度达到1.20%时，脑内的血压和流量会异常升高[39, 41]。

根据接触时间和浓度将CO_2造成的健康损失简单地分为四种类型：长期高浓度、长期低浓度、短期高浓度和短期浓度低。大量研究证实，人类在短时间内暴露于较高浓度的CO_2中会出现认知能力下降、头晕、头痛和其他症状[42-43]。而长时间暴露在高浓度环境中会导致呼吸衰竭、休克甚至死亡[44-45]。暴露在低水平的CO_2中不会在短时间内引起明显的生理变化（轻微不适），但长期暴露会导致潜在的长期损害，最严重的是增加患病概率[37, 46]。Hersoug等人[47]在2012年的一项研究提出肥胖和2型糖尿病的增加可能是由于大气中CO_2的增加。Zheutlin等人[30] 在2014年也证明了CO_2与肥胖之间的联系。这种潜在的健康损害会持续很长时间，影响身体对某些必需元素的吸收[48-49]。

此外，自工业革命以来，随着世界范围内经济的发展，CO_2排放量不断增加，人们逐渐发现了间接的健康损失。Gao等人[50]在2018 年的研究中指出，碳排放通过引起各种气候变化来影响公众健康，包括极端天气事件、空气污染、紫外线辐射、生态系统退化、气温上升和海平面上升。CO_2对人类健康造成的最大威胁是热浪强度和频率的增加。热浪和高温会使细菌、寄生虫和病毒更加活跃，降低人体的免疫力和抗病能力，并导致心脏病和呼吸系统疾病的发病率和死亡率增加[51]。

事实上，当平均气温上升2～3 ℃时，人类可以简单地去一个凉爽的地方躲避热浪。气候变化本身对很多人来说可能不是灾难性的，但人类可能忽略了间接的大气中CO_2含量增加的影响。地球大气中未分解的CO_2量已经达到人类在整个进化过程中呼出的水平，很快就会超过这个范围。人类已经受到室外环境的影响，随着室内CO_2浓度的增加，这种情况可能会变得更糟[52]。碳毒性似乎已经对人类健康产生了无法识别的影响[53]。鉴于碳排放引起的气候变化正在发生并可能带来代价高昂且影响深远的健康后果的广泛证据，需要采取紧急和实质性的行动来限制对全球气候的破坏[50]。

除了直接和间接的健康影响外，过量的碳排放还可能造成一些经济变化和损失。

1.2.3 社会经济方面的负面影响

过度的热暴露具有许多潜在的社会经济影响，包括健康影响、劳动生产率的损失、更高的死亡率和更高的能源需求[28]。在给定的热暴露水平之上，工人需要在工作时间内增加休息时间，增加量为每小时10～40 min的活跃工作[54]。来自不同经济部门和国家的工人受到的影响各不相同，但这些健康指南仍然表明，随着暴露于极端高温条件下，劳动生产率可能会下降。2017年，观察结果显示，全球因热暴露损失了1 530亿h的劳动力，与2006年相比增加了620亿h。因此，CO_2的累积排放在增加了极端高温的概率，由此导致损失更多的劳动生产力。

1.3 全球应对CO_2过度排放的政策法规

为了评估全球气候变化，联合国环境规划署（UNEP）和世界气象组织（WMO）于1988年建立政府间气候变化专门委员会（IPCC）。IPCC的工作核心是向世界提供一个清晰的有关对当前气候变化及其潜在环境和社会经济影响认知状况的科学观点。在同一年，IPCC的行动获得联合国大会的批准。IPCC对联合国和WMO的所有会员国开放。目前，有195个国家是IPCC的会员。IPCC不做任何科学研究，而是负责评审和评估全世界产生的有关认知气候变化方面的最新科学技术和社会经济文献，并每五年出版评估报告，总结气候变化的“现有知识”。

根据IPCC官网发布的消息可知，1990年，IPCC发表《第一次评估报告》，报告确认了对有关气候变化问题的科学基础。1992年6月，在巴西里约热内卢举行地球峰会，谈判人员敲定《联合国气候变化框架公约》，并且于1994年3月生效。1995年发表《第二次评估报告》，这为《京都议定书》会议谈判做出了贡献。1997年，在日本京都举行了气候会议，谈判代表敲定了被称为《京都议定书》的气候协议。这是第一个，也是迄今为止唯一一个承诺发达国家减少CO_2和其他温室气体排放的公约。2005年2月，《京都议定书》生效，签署国——37个发达国家和转型经济体——承诺在2008年至2012年期间将其温室气体排放量从1990年的水平平均减少4.2%。一方面，《京都议定书》并未达到期望值[55]。正如赫尔辛基大学环境政策研究员 Atte Korhola 所说：“京都对气候的影响非常有限，它的野心太窄，它的工具过于官僚化，而且漏洞太多。”从另一方面来看，这个气候协议将为后续政策的制定提供宝贵的经验教训[55]。科罗拉多大学博尔德分校研究能源和创新政策的Roger Pielke Jr说：“京都是一个宏大的政策实验，我们应该吸取重要的教训。它有它的缺陷，但整体架构仍然有用。”

2009年在哥本哈根，各国未能制定《京都议定书》的后续条约。然而，2010年在南非德班，包括中国和美国在内的国家同意在2015年之前就一项新的气候条约进行谈判。

2015年12月，确定了《巴黎协定》。此后，IPCC宣布了评估的新方向，从原因归因和影响检测转向应对气候变化的解决方案[56]。《巴黎协定》设定将全球变暖控制在远低于工业化前水平2 ℃的长期目标，以减少气候变化的影响和潜在风险，也为科学家探索与1.5 ℃变暖兼容的途径提供了动力[57]。

为了将温度控制在1.5 ℃，到2030年，全球人为CO_2净排放量需要在2010年的水平上下降约45%，并在2050年左右达到CO_2净零排放（图1–1）。为了将全球变暖限制在2 ℃以下，预计到2030年CO_2排放量将下降约25%，并在2070年左右达到CO_2净零排放[58]。

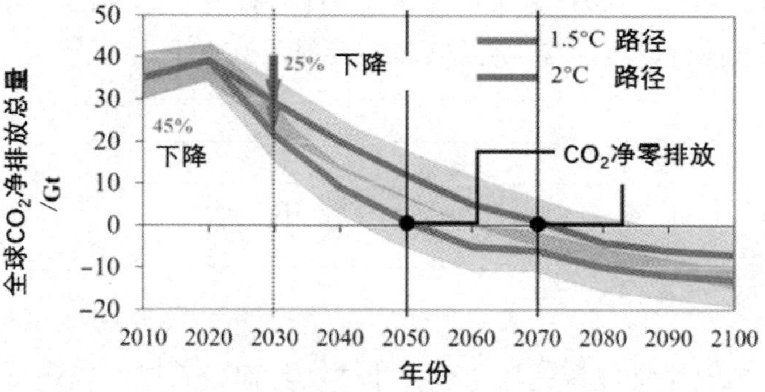

图1–1 在1.5 ℃/2 ℃路径下人为CO_2净排放演变的一般特征[58]

总体而言，我们迫切需要尽快使全球人为CO_2排放量达到峰值并实现碳中和，以使《巴黎协定》的目标触手可及。然而，根据2020年UNEP排放差距报告，全球温室气体排放量从2010——2020年平均以每年1.4%的速度增长。由于森林火灾显著增加，2019年以2.6%的速度增长。此外，CO_2往往会在十年到百年的时间尺度上在大气中积累，因此其对气候的影响在排放后会持续数十年到数百年。如果没有确定碳排放达到峰值的具体期限，大气中日益积累的CO_2的变暖效应将增加实现《巴黎协定》目标的难度[59]。

迄今为止，全球共有126个国家（占全球温室气体排放量的 51%）制定了与《巴黎协定》相对应的净零目标，这些目标已正式通过、宣布或正在考虑中。

2020年9月，中国在联合国大会上宣布扩大国家自主贡献。按照承诺，中国的目标是在2030年之前达到CO_2排放量的峰值，并在2060年之前实现碳中和[60]——这是符合IPCC的2 ℃升温目标的途径。随后，在2020年12月的气候雄心峰会上，中国宣布了到2030年的进一步国家承诺，即在应对全球气候挑战的情况下为减缓气候变化做出更多贡献。对各国目前限制气候变化的承诺和行动的分析得出的结论是，它们远远不足以实现《巴黎协定》将全球气温升高限制在远低于2 ℃的目标，同时努力将其限制在1.5℃[61–64]。

自《巴黎协定》通过以来的5年中，越来越多的国家宣布净零目标。欧盟作为一个整体于2010年3月提出将气候中和纳入其气候法的提案。中国于2020年9月宣布在2060年之前实现碳中和是一个突破性时刻[65]，紧随其后的是南非、日本、韩国和加拿大宣布[66–69]。乔·拜登总统的竞选活动还包括2050年全经济范围内的净零排放目标，该目标已编入2021年1月签署的行政命令[70]。我们统计了131个国家宣布打算实现温室气体净零排放[71]，截至2021年5月，共占全球温室气体排放量的72%左右（2018年排放数据）[72]。

1.4 本章小结

化石燃料对全球能源的需求至关重要，然而化石燃料燃烧造成了严重的能源危机和环境问题。化石燃料的形成需要数亿年的时间，而能源消耗率远远超过其形成率，促使人类必须重视可持续发展战略。而化石燃料燃烧所释放的CO_2是大气中主要的温室气体，过量排放对环境、人类健康和社会经济等方面造成不利影响。

为了应对CO_2过度排放，政府间气候变化专门委员会负责评审和评估全世界产生的有关认知气候变化方面的最新科学技术和社会经济文献。中国的目标是在2030年之前达到CO_2排放量的峰值，并在2060年之前实现碳中和。应对全球气候变化是一项巨大挑战，需要世界各国的参与和努力。

参考文献

[1] Lingampalli S R, Ayyub M M, Rao C N R. Recent progress in the photocatalytic reduction of carbon dioxide[J]. ACS Omega, 2017, 2(6): 2740-2748.

[2] Barber J, Tran P D. From natural to artificial photosynthesis[J]. Journal of The Royal Society Interface, 2013, 10(81): 20120984.

[3] Ong MY, Chew KW, Show PL, Nomanbhay S. Optimization and kinetic study of non-catalytic transesteriffcation of palm oil under subcritical condition using microwave technology. Energy Conversion and Management 2019, 196:1126–37.

[4] BP Statistical Review of World Energy 2019: 68th edition [R/OL]. London: BP p.l.c., 2019 [2025-04-29]. https://www.bp.com/content/dam/bp/business-sites/en/global/corporate/pdfs/energy-economics/statistical-review/bp-stats-review-2019-full-report.pdf.

[5] Jiang X, Nie X, Guo X, et al. Recent Advances in Carbon Dioxide Hydrogenation to Methanol via Heterogeneous Catalysis[J]. Chemical Reviews, 2020, 120(15): 7984-8034.

[6] Marszewski M, Cao S, Yu J, et al. Semiconductor-based photocatalytic CO_2 conversion[J]. Materials Horizons, 2015, 2(3): 261-278.

[7] Holdren, J. P. Science and Technology for Sustainable Well-Being[J]. Science 2008, 319, 424-434.

[8] Jones W D. Carbon capture and conversion[J]. Journal of the American Chemical Society, 2020, 142(11): 4955-4957.

[9] Tyndall J. VII. Note on the transmission of radiant heat through gaseous bodies[J]. Proceedings of the Royal Society of London, 1860 (10): 37-39.

[10] Matthews H D, Caldeira K. Stabilizing climate requires near - zero emissions[J]. Geophysical Research Letters, 2008, 35(4): L04705.

[11] Solomon S, Plattner G K, Knutti R, et al. Irreversible climate change due

to carbon dioxide emissions[J]. Proceedings of the national academy of sciences, 2009, 106(6): 1704-1709.

[12] Nerem R S, Beckley B D, Fasullo J T, et al. Climate-change–driven accelerated sea-level rise detected in the altimeter era[J]. Proceedings of the national academy of sciences, 2018, 115(9): 2022-2025.

[13] Shadrick J R, Rood D H, Hurst M D, et al. Sea-level rise will likely accelerate rock coast cliff retreat rates[J]. Nature Communications, 2022, 13(1): 7005.

[14] Liu F J, Li S X, Huang B Q, et al. Effect of excessive CO_2 on physiological functions in coastal diatom[J]. Scientific Reports, 2016, 6(1): 21694.

[15] McNeil B I, Matear R J. Southern Ocean acidification: A tipping point at 450-ppm atmospheric CO_2[J]. Proceedings of the National Academy of Sciences of the United States of America, 2008, 105(48): 18860-18864.

[16] Massom R A, Stammerjohn S E. Antarctic sea ice change and variability–physical and ecological implications[J]. Polar Science, 2010, 4(2): 149-186.

[17] Liu F, Li S, Zheng F, et al. Risk assessment of excessive CO_2 emission on diatom heavy metal consumption[J]. Science of the Total Environment, 2016, 566: 1349-1354.

[18] Rummukainen M. Our commitment to climate change is dependent on past, present and future emissions and decisions[J]. Climate Research, 2015, 64(1): 7-14.

[19] Zeebe R E. History of seawater carbonate chemistry, atmospheric CO_2, and ocean acidification[J]. Annual Review of Earth and Planetary Sciences, 2012, 40(1): 141-165.

[20] Caldeira K, Wickett M E. Anthropogenic carbon and ocean pH[J]. Nature, 2003, 425(6956): 365-365.

[21] Pörtner H O, Farrell A P. Physiology and climate change[J]. Science, 2008, 322(5902): 690-692.

[22] Noor N M, Das S K. Effects of elevated carbon dioxide on marine ecosystem and associated fishes[J]. Thalassas: An International Journal of Marine

Sciences, 2019, 35(2): 421-429.

[23] Kundzewicz Z W, Kanae S, Seneviratne S I, et al. Flood risk and climate change: global and regional perspectives[J]. Hydrological Sciences Journal, 2014, 59(1): 1-28.

[24] Syvitski J P M, Brakenridge G R. Causation and avoidance of catastrophic flooding along the Indus River, Pakistan[J]. GSA Today, 2013, 23(1): 4-10.

[25] Tan X, Liu Y, Dong H, et al. The health consequences of greenhouse gas emissions: a potential pathway[J]. Environmental Geochemistry and Health, 2022: 1-20.

[26] Costello A, Abbas M, Allen A, et al. Managing the health effects of climate change: lancet and University College London Institute for Global Health Commission[J]. The Lancet, 2009, 373(9676): 1693-1733.

[27] Mora C, Dousset B, Caldwell I R, et al. Global risk of deadly heat[J]. Nature Climate Change, 2017, 7(7): 501-506.

[28] Hönisch B, Hemming N G, Archer D, et al. Atmospheric carbon dioxide concentration across the mid-Pleistocene transition[J]. Science, 2009, 324(5934): 1551-1554.

[29] Zheutlin A R, Adar S D, Park S K. Carbon dioxide emissions and change in prevalence of obesity and diabetes in the United States: an ecological study[J]. Environment International, 2014, 73: 111-116.

[30] Zappulla D. Environmental stress, erythrocyte dysfunctions, inflammation, and the metabolic syndrome: adaptations to CO_2 increases?[J]. Journal of the CardioMetabolic Syndrome, 2008, 3(1): 30-34.

[31] Ebi K L, Ogden N H, Semenza J C, et al. Detecting and attributing health burdens to climate change[J]. Environmental Health Perspectives, 2017, 125(8): 085004.

[32] Forzieri G, Cescatti A, e Silva F B, et al. Increasing risk over time of weather-related hazards to the European population: a data-driven prognostic study[J]. The Lancet Planetary Health, 2017, 1(5): e200-e208.

[33] Woodward A, Smith K R, Campbell-Lendrum D, et al. Climate change and

health: on the latest IPCC report[J]. The Lancet, 2014, 383(9924): 1185-1189.

[34] Watts N, Adger W N, Agnolucci P, et al. Health and climate change: policy responses to protect public health[J]. The Lancet, 2015, 386(10006): 1861-1914.

[35] World Health Organization. Keep Cool This Summer to Protect Your Health [EB/OL]. (2021-05-04). https://www.who.int/europe/news/item/04-05-2021-keep-cool-this-summer-to-protect-your-health.

[36] Jacobson T A, Kler J S, Hernke M T, et al. Direct human health risks of increased atmospheric carbon dioxide[J]. Nature Sustainability, 2019, 2(8): 691-701.

[37] Hacquemand R, Buron G, Pourié G, et al. Effects of CO_2 inhalation exposure on mice vomeronasal epithelium[J]. Cell biology and toxicology, 2010, 26: 309-317.

[38] Martrette J M, Egloff C, Clément C, et al. Effects of prolonged exposure to CO_2 on behaviour, hormone secretion and respiratory muscles in young female rats[J]. Physiology & behavior, 2017, 177: 257-262.

[39] Rice S A. Human health risk assessment of CO_2: survivors of acute high-level exposure and populations sensitive to prolonged low-level exposure[J]. environments, 2014, 3(5): 7-15.

[40] Schaefer K E. Effects of increased ambient CO_2 levels on human and animal health[J]. Experientia, 1982, 38(10): 1163-1168.

[41] Gall E T, Cheung T, Luhung I, et al. Real-time monitoring of personal exposures to carbon dioxide[J]. Building and Environment, 2016, 104: 59-67.

[42] Allen J G, MacNaughton P, Satish U, et al. Associations of cognitive function scores with carbon dioxide, ventilation, and volatile organic compound exposures in office workers: a controlled exposure study of green and conventional office environments[J]. Environmental Health Perspectives, 2016, 124(6): 805-812.

[43] Law J, Van Baalen M, Foy M, et al. Relationship between carbon dioxide levels and reported headaches on the international space station[J]. Journal of Occupational and Environmental Medicine, 2014, 56(5): 477-483.

[44] Ikeda N, Takahashi H, Umetsu K, et al. The course of respiration and circulation in death by carbon dioxide poisoning[J]. Forensic Science International,

1989, 41(1-2): 93-99.

[45] Permentier K, Vercammen S, Soetaert S, et al. Carbon dioxide poisoning: a literature review of an often forgotten cause of intoxication in the emergency department[J]. International Journal of Emergency Medicine, 2017, 10(1): 14.

[46] Robertson D S. The rise in the atmospheric concentration of carbon dioxide and the effects on human health[J]. Medical Hypotheses, 2001, 56(4): 513-518.

[47] Hersoug L G, Sjödin A, Astrup A. A proposed potential role for increasing atmospheric CO_2 as a promoter of weight gain and obesity[J]. Nutrition & Diabetes, 2012, 2(3): e31-e31.

[48] Bierwirth P N. Carbon dioxide toxicity and climate change: a major unapprehended risk for human health[EB/OL]. ResearchGate, 2018[2025-04-29]. Available from: ResearchGate

[49] Weyant C, Brandeau M L, Burke M, et al. Anticipated burden and mitigation of carbon-dioxide-induced nutritional deficiencies and related diseases: A simulation modeling study[J]. PLOS Medicine, 2018, 15(7): e1002586.

[50] Gao J, Kovats S, Vardoulakis S, et al. Public health co-benefits of greenhouse gas emissions reduction: A systematic review[J]. Science of the Total Environment, 2018, 627: 388-402.

[51] Tan J, Zheng Y, Song G, et al. Heat wave impacts on mortality in Shanghai, 1998 and 2003[J]. International Journal of Biometeorology, 2007, 51: 193-200.

[52] Azuma K, Kagi N, Yanagi U, et al. Effects of low-level inhalation exposure to carbon dioxide in indoor environments: A short review on human health and psychomotor performance[J]. Environment International, 2018, 121: 51-56.

[53] Ebi K L, Ziska L H. Increases in atmospheric carbon dioxide: Anticipated negative effects on food quality[J]. PLOS Medicine, 2018, 15(7): e1002600.

[54] Jacklitsch B, Williams J, Musolin K, et al. Occupational exposure to heat and hot environments[R]. Cincinnati: National Institute for Occupational Safety and Health (NIOSH), 2016.

[55] Schiermeier Q. Climate scientists focus on 1.5 degrees after Paris deal[J]. Nature, 2016. https://doi.org/10.1038/nature.2016.19758.

[56] Tollefson J. Climate-panel chief Hoesung Lee wants focus on solutions[J]. Nature (2015). https://doi.org/10.1038/nature.2015.18556.

[57] Beck S, Mahony M. The IPCC and the politics of anticipation[J]. Nature Climate Change, 2017, 7(5): 311-313.

[58] Allen M, Dube O P, Solecki W, et al. Special report: Global warming of 1.5 °C [R/OL]. Geneva: IPCC, 2018 [2025-04-29]. https://www.ipcc.ch/sr15/.

[59] Huang M T, Zhai P M. Achieving Paris Agreement temperature goals requires carbon neutrality by middle century with far-reaching transitions in the whole society[J]. Advances in Climate Change Research, 2021, 12(2): 281-286.

[60] 习近平. 在第七十五届联合国大会一般性辩论上的讲话 [EB/OL]. (2020-09-22)[2025-04-29]. http://www.gov.cn/xinwen/2020-09/22/content_5546168.htm.

[61] Rogelj J, Den Elzen M, Höhne N, et al. Paris Agreement climate proposals need a boost to keep warming well below 2 °C[J]. Nature, 2016, 534(7609): 631-639.

[62] Höhne N, Gidden M J, den Elzen M, et al. Wave of net zero emission targets opens window to meeting the Paris Agreement[J]. Nature Climate Change, 2021, 11(10): 820-822.

[63] Olhoff A, Christensen J M. Emissions gap report 2020[R]. Nairobi: United Nations Environment Programme, 2020.

[64] Höhne N, den Elzen M, Rogelj J, et al. Emissions: world has four times the work or one-third of the time[J]. Nature, 2020, 579(7797): 25-28.

[65] 中华人民共和国主席习近平. 在第七十五届联合国大会一般性辩论上的讲话[EB/OL]. (2020-09-22)[2025-04-29]. https://www.fmprc.gov.cn/mfa_eng/zxxx_662805/t1817098.shtml

[66] South Africa Department of Environmental Affairs. South Africa’s Low-Emission Development Strategy 2050[R/OL]. Pretoria: Department of

Environmental Affairs, 2020[2025-04-29].

[67] PARLIAMENT OF CANADA. Bill C-12: An Act respecting transparency and accountability in Canada’ s efforts to achieve net-zero greenhouse gas emissions by the year 2050[S/OL]. Ottawa: Parliament of Canada, Second Session, Forty-third Parliament, 2021. https://www.parl.ca/DocumentViewer/en/43-2/bill/C-12/first-reading

[68] Herrador M, Jong W, Nasu K, et al. Circular economy and zero-carbon strategies between Japan and South Korea: A comparative study[J]. Science of The Total Environment, 2022, 820, 153274.

[69] OH H, HONG I, OH I. South Korea’ s 2050 Carbon Neutrality Policy[J]. East Asian Policy, 2021, 13(01): 33-46.

[70] White House. Executive order on tackling the climate crisis at home and abroad[S/OL]. Washington, D.C.: White House, 2021[2025-04-29]. https://courses.seas.harvard.edu/climate/eli/Courses/EPS101/Sources/Last-class/option-2-Biden-plan/Biden-climate-plan.pdf

[71] Oladapo B I, Olawumi M A, Olugbade, T O, et al. Data analytics driving net zero tracker for renewable energy[J]. Renewable and Sustainable Energy Reviews, 2025, 208, 115061.

[72] Olivier J G J, Schure K M, Peters J. Trends in global CO_2 and total greenhouse gas emissions[R]. The Hague: PBL Netherlands Environmental Assessment Agency, 2017: 1-11.

第2章 CO_2的捕集与资源化利用

2.1 CO_2分离与捕集的必要性

随着化石燃料利用和工业活动的增加，CO_2排放量不断增加。过去几十年，人们对不断增加的CO_2排放所带来的灾难性后果非常关注，例如气候变化灾难以及全球变暖以及相关的能源和环境问题。因此，提出许多关于CO_2捕集与封存（CCS）的研究方案[1]。由于CCS可以作为一种中期解决碳排放问题的方案，因此人类能够继续使用化石能源，直到研发出成熟的可再生能源技术[2]。此外，它是一种适用于在化石发电厂、水泥工业和炼油厂等大型场所固定CO_2的减排策略，因此CCS是目前非常活跃的研究领域[3]。

在封存CO_2之前，必须将它从主要来源中分离和捕获。例如，发电厂的烟气排放量约占CO_2总排放量的33%～40%[2, 4]，因为烟气的主要成分是N_2（>70%）和CO_2（10%～15%），所以需要从N_2中分离出CO_2。另一种与能源相关的CO_2分离是从天然气中去除CO_2。天然气主要由甲烷组成，通常含量为80%～95%，根据气体来源的不同，还含有CO_2、N_2和较重的碳氢化合物等杂质。此外，垃圾填埋气产生的甲烷是一种快速增长的天然气来源。典型的市政或工业垃圾填埋气包含大约40%～60%的CO_2[5]。从甲烷中分离出CO_2对于天然气升级和垃圾填埋气处理至关重要，这样可以提高天然气纯度和减少酸性CO_2气体引起的管道腐蚀[6]。

总体而言，CO_2捕获与封存是抑制工业点源碳排放的比较经济可行的方法之一，并且对于解决全球排放问题和碳密集型生产至关重要。

2.2　CO_2的捕集方式

考虑到严重的全球变暖问题，迫切需要在工业层面开发经济可行的CO_2捕集技术。目前，燃烧后产生的CO_2主要采用化学吸收、固体吸附和膜分离的技术进行捕集[1]。

2.2.1　化学吸收

化学吸收是从含有低至中等CO_2分压（3%～20%）的燃烧后烟道气流中捕获CO_2的首选方法[7]。吸收是指通过气态组分与液体接触使得气态组分从气流中分离进入液体的过程，其中用于吸收的液体通常称为溶剂或吸收剂。得益于与CO_2的高反应性，化学吸收提供了快速的吸收速率和卓越的捕获效率。此外，使用液体溶剂/吸收剂的吸收过程可以很容易地改装到现有的燃料发电厂中，这已成为一种非常有前景的中短期CO_2捕集技术[1]。

1. 胺吸收

几十年来，天然气工业一直使用胺吸收法从天然气中去除CO_2，从而生产食品和饮料级CO_2[2]。胺是氨（NH_3）的衍生物，其中一个或多个氢基团被官能团（例如乙醇）取代。通过胺吸收，烟气冷却至40～60 ℃，并在填充床吸收塔中与胺溶液接触以进行捕集。一些常见的胺包括单乙醇胺（MEA）、二乙醇胺（DEA）和甲基二乙醇胺（MDEA）；由于成本低廉，最常见的是MEA。基本MEA吸收将用作未来的典型案例。CO_2被MEA溶液吸收并与之发生化学反应以形成MEA氨基甲酸盐和碳酸氢盐溶液。反应可以在方程式（2-1）中看到[8]。溶液中MEA的质量分数可在15%～35%之间变化，具体取决于工艺。

$$\underset{\text{(MEA)}}{C_2H_4OHNH_2} + H_2O + CO_2 \rightleftharpoons C_2H_4OHNH_3^+ + HCO_3^- \qquad (2\text{-}1)$$

$$\Delta H_{rx} = -20\ \text{kcal/mol}$$

据报道，按质量计35%的MEA溶液在清洁烟道气流中的CO_2承载能力为0.40 kg CO_2/kg MEA（即不存在杂质）[9]。如果烟气中存在NO_x和SO_x等杂质，它们将被胺吸收并与之反应形成热稳定盐[10]，这会导致设备堵塞并大大降低溶剂的CO_2含量。吸收后，加载的CO_2溶液被送至汽提塔，在此将其加热到100～200 ℃以产生由99% CO_2组成的气流并再生MEA溶剂。CO_2气流被压缩和运输，用于地质储存、食品和饮料行业或尿素生产[2，8，11–13]。再生反应可以在方程式（2-2）中看到。

$$HCO_3^- + C_2H_4OHNH_3^+ \rightleftharpoons C_2H_4OHNH_2 + CO_2 + H_2O \tag{2-2}$$

$$\Delta H_{rx} = 20\ \text{kcal/mol}$$

再生的溶剂冷却至40～60 ℃并通过回收阶段以去除在循环回吸收器单元之前形成的任何氨和热稳定盐。在回收装置中，热稳定盐在高温下与苛性碱反应以再生额外的MEA溶剂。再生MEA溶剂的CO_2承载能力为0.036 kg CO_2/kg再生溶液[14]。

使用胺进行化学吸收的优点包括：①由于CO_2与胺发生化学反应，该工艺可以处理低CO_2分压气流（3%～20%）。②该工艺成熟。目前有三种商业技术可用。胺吸收的缺点包括：①溶剂的CO_2负载能力低（0.40 kg CO_2/kg MEA）[8]。②溶剂不能完全再生。③放大是一个问题。目前的技术处理能力为320～800t CO_2/天。一座500 MW的发电厂将排放大约8 000t CO_2/天[15]，这意味着设备需要比目前建造的大得多。④设备腐蚀——胺类会导致组件中的吸收塔和汽提塔随着时间的推移而降解。⑤从NO_x、SO_x、O_2和颗粒物降解胺。⑥汽提/再生过程中的高能耗。⑦增加工厂占地面积等。

为了克服与MEA吸收相关的一些缺点，已经使用了其他胺，例如二乙醇胺和甲基二乙醇胺。

2. 氨水吸收

氨水（$NH_3 \cdot H_2O$）工艺引起了人们的兴趣，因为推测它可以同时去除烟气中的NO_x和SO_x以及CO_2[16]。对于氨吸收，烟气冷却至15～27 ℃（由于氨的挥发性），然后在填充床吸收塔中与氨溶液接触以捕获CO_2，可能还有NO_2和SO_3。在氨溶液中捕获CO_2的反应机理如公式（2-3）和（2-4）所示[13，17–19]。

$$2NH_3\,(aq) + CO_2\,(g) + H_2O_{(l)} = (NH_4)_2CO_3\,(s) \tag{2-3}$$

$$NH_3\,(aq) + CO_2\,(g) + H_2O_{(l)} = NH_4HCO_3\,(s) \tag{2-4}$$

在使用氨水捕获CO_2期间可能形成的产物包括固体碳酸铵和碳酸氢铵。Bai和Yeh报道了通过氨溶液喷射CO_2时会形成固体NH_4HCO_3[20]。Yeh和Bai还发现，质量分数为35 %的氨溶液在清洁气流（CO_2/N_2）中的承载能力为1.20 kg CO_2/kg NH_3[9]。如果烟道气中存在杂质NO_x和SO_x，则使用氨溶液同时捕获它们以及CO_2可能是有利的。为了同时捕获NO_x和SO_x，预处理需要一个氧化阶段，其中NO_x和SO_x被氧化成NO_2和SO_3。氨溶液只能吸收NO_x和SO_x气体中的NO_2和SO_3形式。方程式（2-5）显示了氨溶液、NO_2和SO_3之间的反应。

$$NH_3(aq) + NO_2(g) + SO_3(g) \longrightarrow NH_4NO_3(s) + (NH_4)_2SO_4(s) \quad (2\text{-}5)$$

从方程式（2-5）可以看出，固体硝酸铵和硫酸铵会在与氨溶液反应时形成。这是有利的，因为两者都是众所周知的肥料，可以出售以产生收入。

捕获后，载有CO_2的溶液被送至汽提塔，在27～92 ℃之间加热。碳酸氢铵和碳酸盐在这些温度下热分解，释放CO_2并再生原始的氨溶剂。CO_2气流被压缩和运输，用于地质储存、食品和饮料工业或尿素生产。再生机制可以在方程式（2-6）和（2-7）中看到[14, 18, 21]。

$$(NH_4)_2CO_3(s) \longrightarrow 2NH_3(aq) + CO_2(g) + H_2O(l) \quad (2\text{-}6)$$

$$\Delta H_{rx} = 24.1\ kcal/mol$$

$$NH_4HCO_3(s) \longrightarrow NH_{3(aq)} + CO_2(g) + H_2O(l) \quad (2\text{-}7)$$

$$\Delta H_{rx} = 15.3\ kcal/mol$$

从反应焓可以看出，与碳酸氢盐产物相比，碳酸盐产物的分解需要更多的能量。在这个意义上，希望形成碳酸氢盐固体而不是碳酸盐。任何一种固体的形成都可以通过仔细监测溶液的pH来控制。高pH有利于碳酸盐的形成，而低pH有利于碳酸氢盐的形成。汽提后的再生氨溶液具有0.07 kg CO_2/kg溶液的承载能力。承载能力的损失被认为是由于汽提过程中蒸汽流中大量的NH_3损失[14]。

氨水吸收的优点包括：①与其他吸收工艺相比，CO_2负载能力高（1.20 kg CO_2/kg NH_3）。②可能的多污染物控制系统。③没有设备腐蚀问题。④没有吸收剂从氧气中降解。⑤硝酸铵和硫酸铵可作为肥料出售。与氨吸收相关的缺点包括：①由于氨的挥发性，烟气必须冷却至15～27 ℃。②CO_2捕集时形成固体导致设备堵塞。③汽提过程中氨蒸汽损失高[9, 14, 16, 20]。

3. 双碱吸收

双碱吸收法是对Solvay工艺的改进。要了解双碱法的建议，首先需要了解Solvay工艺。Solvay工艺是一个两步工艺，可将CO_2转化为Na_2CO_3用于商业用途。在Solvay的第一步中，CO_2与氯化钠（NaCl）、氨和水反应生成碳酸氢钠

（$NaHCO_3$）和氯化铵（NH_4Cl），如方程式（2-8）所示[2, 13]。

$$CO_2(g) + NaCl(aq) + NH_3(aq) + H_2(l) \longrightarrow NaHCO_3(s) + NH_4Cl(aq) \quad (2-8)$$

氨代表主要碱，用于促进CO_2的吸收。添加NaCl以增加溶液中钠的浓度。这有助于增加$NaHCO_3$的沉淀。在Solvay工艺的第二步中，固体$NaHCO_3$从溶液中过滤出来并加热以生产商业级Na_2CO_3。剩余的NH_4Cl溶液与二级碱氢氧化钙反应，再生成NH_3；如式（2-9）所示。

$$2NH_4Cl(aq) + Ca(OH)_2(aq) \longrightarrow 2NH_3(aq) + CaCl_2(aq) + 2H_2O(l) \quad (2-9)$$

氢氧化钙是由石灰生成的，而石灰是通过煅烧$CaCO_3$形成的，因此煅烧炉的高能量需求和煅烧产生的CO_2使得该过程不适合大规模捕获CO_2。

Huang等人[22]希望通过消除对$Ca(OH)_2$的需求，取代这两种碱化学物质，使索尔维工艺可用于大规模捕集CO_2。在双碱工艺中，初级碱被MAE取代。使用MAE作为溶剂时，烟气仍必须进行预处理以去除杂质。气流必须冷却至25 ℃并经过脱硝-硫氧化步骤。由NO_x和SO_x与MAE反应形成的盐会降低系统的性能。一旦气流经过处理，它就会与MAE反应，如方程式（2-10）所示。

$$CO_2(g) + NaCl(aq) + H_2O(l) + HOCH_2CH_2(CH_3)NH(aq) \longrightarrow NaHCO_3(s) + HOCH_2CH_2(CH_3)NH_2Cl(aq) \quad (2-10)$$

该解决方案的承载能力为0.54 kg CO_2/kg MAE。虽然已经确定了一种主要碱，但尚未确定一种用于再生原始MAE溶剂的碱。如果要确定二次碱，该过程将是有利的，因为可以捕获CO_2以生产商业级Na_2CO_3。该过程的明显缺点是尚未确定用于再生MAE溶剂的二级碱[22]。

4. 碳酸钠浆液吸收

在20世纪初期，使用Na_2CO_3溶液将CO_2捕获，以用于生产干冰[23-24]。此后，Knuutila等人[25]进行了计算机模拟，以检查使用Na_2CO_3浆液捕获CO_2。模拟改变了Na_2CO_3 的质量分数（10%～30%）、入口液体温度（45～70 ℃）、入口烟气温度（45～70 ℃）、液气（l/g）比（2.1～5.5），汽提塔压力（1～2 bar）（1 bar=10^5 Pa）以确定最佳的CO_2捕获效率和运行汽提塔所需的能量。通过模拟确定的最佳条件为：质量分数为30% Na_2CO_3浆料，入口液体温度为60 ℃，入口烟气温度为70 ℃，l/g 比为2.3，汽提塔压力为2 bar（1 bar=10^5 Pa）。在这些条件下，模拟预测了90%的CO_2捕获效率和汽提塔中3.2 MJ/kg CO_2的能量需求。模拟中假定无硫烟道气。模拟气流由CO_2/N_2/H_2O蒸气组成。

如前所述，对于CO_2的捕获，模拟发现质量分数为30 % Na_2CO_3浆料和70 ℃的入口烟气温度是最佳的。这创造了一个环境，其中$NaHCO_3$从溶液中沉淀出来，使更多的Na_2CO_3溶解在溶液中；从而增加溶液的CO_2容量。通过碳酸盐浆液捕获CO_2和沉淀$NaHCO_3$可以在方程式（2-11）和（2-12）中看到[26]。

$$CO_3^{2-}(aq) + H_2O(l) + CO_2(g) \longrightarrow 2HCO_3^- \tag{2-11}$$

$$Na^+(aq) + HCO_3^-(aq) \longleftrightarrow NaHCO_3(s) \tag{2-12}$$

在Knuutila等人进行的研究中，没有提到泥浆的CO_2承载能力。然而，基于公式（2-11）得出的理论承载能力为0.73 kg CO_2/kg CO_3^{2-}，高于MEA（0.40 kg CO_2/kg MEA）。如果存在杂质，则这种承载能力可能会降低。例如，如果SO_2存在于烟气中，它可能会被溶液吸收，很可能会在溶液中产生亚硫酸钠（Na_2SO_3）和亚硫酸氢钠（$NaHSO_3$）[27]。这会降低Na_2CO_3浆液的承载能力，但会提供多污染物控制系统。当使用Na_2CO_3浆料时，烟气的预处理是可选的。

将载有CO_2的浆料送至汽提塔，在2 bar的压力下将其加热至121 ℃，以驱除CO_2并产生固体Na_2CO_3。这种机制可以在方程式（2-13）中看到[25]。

$$NaHCO_3(s) \longrightarrow Na_2CO_3(s) + CO_2(g) + H_2O(l) \tag{2-13}$$

该系统具有许多与之相关的优点，例如：①可能的多污染物捕获系统。②Na_2CO_3溶剂无害且不挥发。③设备腐蚀率低。④溶剂不会导致管道系统结垢。与胺溶液相比，与Na_2CO_3系统相关的主要缺点是CO_2的吸收速度较慢，导致吸收柱高[7]。

2.2.2　固体吸附

与液体吸收剂相比，固体吸附可以从环境温度到700 ℃的更宽温度范围内使用，循环过程中产生的废物更少，并且用过的固体吸附剂可以在没有过度环保预防措施的情况下进行处理[28-29]。使用固体吸附剂捕获CO_2被认为是最有前途的CCS技术之一[17]。气体吸附是一种分离过程，其中通过使用固体材料将气态组分从气流中分离出来。气态组分与固体接触并从气相吸附到固体表面上。用于吸附的固体材料通常称为吸附剂，而被吸附的气体物质称为吸附质（在这种情况下，吸附质是CO_2）。

在考虑吸附CO_2捕获时，重要的是吸附剂具有某些品质[30]，例如：①高CO_2吸附能力。根据经验，吸附剂应具有0.088 ~ 0.176 g CO_2/g吸附剂的吸附能力[31]。②高表面积。高表面积表明有更多的CO_2吸附表面位点，可能导致高吸附容量。③动力学快。动力学越快，CO_2的吸附速度越快。④CO_2选择性高。CO_2应优先吸附到吸附剂上。选择性还决定了解吸过程中产生的CO_2的纯度。⑤温和的再生条件。再生条件（即温度和压力）越温和，再生阶段的成本就越低。⑥吸附/解吸循环过程中的稳定性。吸附剂的寿命对系统的运行成本有显著影响。⑦对杂质的耐受性。吸附剂必须对NO_x、SO_x、水蒸气等常见的烟气杂质有耐受性。杂质会显著降低对CO_2的吸附能力，甚至会降低吸附剂的晶体结构。⑧广泛的可调特性。允许吸收剂适应各种操作环境。⑨低成本。吸附剂会随着时间的推移而降解，更换它们的成本应该是最低的。

在CO_2吸附过程中，烟道气流必须经过预处理阶段，以降低气流中NO_x、SO_x和H_2O等杂质的浓度。这些杂质与CO_2分子竞争吸附位点，大大降低了吸附剂对CO_2的吸附能力。在吸附之前将烟道气干燥是特别重要的。水不仅会竞争吸附位点，还会降低一些吸附剂的晶体结构。预处理后，吸附阶段前应将气体冷却至室温左右。大多数吸附剂在高温（100 ℃）下的吸附容量会急剧下降。根据吸附剂的不同，CO_2将通过弱物理相互作用（物理吸附）或强化学相互作用（化学吸附）进行吸附。物理吸附通常伴随着比化学吸附更低的反应热，从而使解吸阶段的能量强度更低。吸附后，固体吸附剂经历解吸阶段。在解吸过程中，气态CO_2从吸附剂中排出，吸附剂因此在该过程中再生。两种最常见的解吸方法是变压法和变温法。在压力摆动系统中，吸附阶段是在高压下进行的，因此当系统内的压力降低时，CO_2从固体中解吸出来。在变温系统中，系统温度升高以驱除吸附剂中的CO_2。变温系统的优点是吸附剂可以再生，同时保持较高的CO_2分压。这避免了与必须重新压缩CO_2相关的大量能量损失，如压力摆动系统中的情况[32]。然而，使用变压系统的再生可以在几秒钟内完成，而使用变温系统则需要数小时[33]。

1. 固体胺类吸附剂

固体胺类吸附剂是优异的CO_2捕获化合物，在低CO_2分压（10%~15%）、低再生温度（<100 ℃）和较少的设备腐蚀下具有高容量[34]。CO_2分子与氨基相互作用并形成氨基甲酸酸、氨基甲酸酯和碳酸氢盐[35]。吸附物质的性质在胺负载、胺类型、胺位点密度、固定在固体载体上的胺分子大小以及更重要的CO_2分压方面有所不同[36]。鉴于富胺吸附剂的吸附性能主要基于化学

吸附，热再生能力差仍然是一个主要缺点。由于吸附的水分子的贡献，预计会发生CO_2滞留。从那时起，许多团体通过将胺负载在包括二氧化硅[37-38]、碳[39]、金属有机框架[40-41]、沸石[42]、黏土[43-44]和聚合物[45]等在内的多孔材料上来制造胺基固体吸附剂，提高CO_2吸附能力。然而，考虑到复杂的合成和综合性能，其工业广泛应用仍远未实现。

2. 碳基吸附剂

碳基CO_2吸附剂具有高比表面积、低廉的价格、优异的化学稳定性、疏水性、可控的结构性质和低再生能量要求等优点，是一种很有前途的CO_2吸附候选物。然而，正如之前的论文［46］中提到的，碳吸附剂对CO_2的吸附是“物理的”且较弱，因此它们对反应温度敏感，CO_2选择性低。在电厂烟气温度范围内（50～120 ℃），CO_2吸附能力急剧下降。因此，为了解决这个问题，必须提高吸附质/吸附剂的相互作用以及CO_2的选择性。目前正在采用三种主要方法，包括：①调整碳的结构性质，②碳表面的化学改性。③碳基杂化复合材料的制备，以提高碳基CO_2捕集性能。

3. 沸石基吸附剂

沸石是多孔结晶铝硅酸盐，其骨架由互锁的SiO_4和AlO_4四面体组成，它们通过共享的氧原子以各种规则的排列方式连接在一起。它们具有开放的晶格，其中包含具有分子尺寸的孔，分子可以渗透到其中。因为AlO_4四面体取代了SiO_4四面体，所以沸石会产生负电荷；为了平衡这些负电荷，沸石的整个结构的通道和空腔中有Na^+、K^+、Ca^{2+}、Mg^{2+}等可交换的阳离子。沸石的吸附和气体分离性能在很大程度上取决于这些阳离子在多孔结构中的尺寸、电荷密度和分布[47]。沸石上的CO_2吸附机理已由多个研究小组进行了研究，结果表明CO_2的物理吸附通过离子–偶极相互作用（反应2-14）以线性取向发生[48-49]。

$$(\text{金属离子})^{x+}\cdots\cdots{}^{\delta-}O=C=O^{\delta+} \qquad (2\text{-}14)$$

尽管沸石具有从气体混合物中分离出CO_2的优越性，并且可能用于变压吸附（PSA）工艺，但相对于N_2、CH_4、H_2O等其他气体，它们对CO_2的选择性仍然很低，而且随着温度升高到30 ℃以上，它们的吸附能力迅速下降，并且在200 ℃以上吸附量可以忽略不计[50-51]。

一般来说，沸石对气体的分离取决于三个因素：骨架的结构和组成、阳离子形式和沸石纯度[52]。大量沸石被研究，特别是那些高度结晶、具有高表面积和三维孔结构的沸石，包括沸石X[50, 53-54]、Y[55-56]、A[57]、β[58]、ZSM[59]、CHA[60]和天然沸石（例如ZAPS、ZNT、ZN-19）[52]。Harlick等人[61]研究了13种沸石基吸附剂，得出的结论是，最重要的吸附剂特性是接近线性的CO_2等温线和低SiO_2/Al_2O_3比，含阳离子与CO_2有很强的静电相互作用。Siriwardane等人[62]的研究表明，在25 ℃和1个大气压的CO_2分压下，沸石13X和4A的CO_2吸附容量分别约为3.64和3.07 mmol/g。Merel等人[57]利用13X和5A沸石通过间接变温吸附对CO_2捕获性能进行了研究，发现5A沸石的性能优于13X。Calleja等人[63]的研究表明，由于较高的表面不均匀性和沸石孔内的较强静电场，随着Si/Al 比的降低，吸附剂对极性分子（例如CO_2）的偏好增加。

另一个研究领域是与碱金属和碱土阳离子交换的沸石。阳离子影响孔内电场以及可用的孔体积，并为调整这些多孔材料的吸附性能提供方便的手段。Walton等人[64]研究了与Li、K、Na、Rb和Cs交换之后Y和X沸石的CO_2吸附行为，发现含有Li的沸石获得了最大的 CO_2吸附量。有人提出CO_2分子具有四极矩，可以与较小的阳离子（如Li）发生更强烈的相互作用。Díaz等人[55]评估了Na和Cs处理的Y沸石，并提出在相对较高温度下，Cs-Y用于CO_2吸附很有前途。Yamazaki等人[65]和Wirawan等人[59, 66]研究了阳离子交换后的MZSM-5（M = Li、Na、K、Rb、Cs、H、Ba）对CO_2的吸附，并观察到，与其他阳离子交换沸石相比，BaZSM-5具有更高的CO_2吸附能力，吸附的物质也具有更高的热稳定性。Zhang等人[60]发现NaCHA和CaCHA在高温CO_2分离方面具有更好的优势，而NaX在相对较低的温度下表现出优异的性能。

在实际应用方面，湿度是沸石基吸附剂面临的另一个挑战。H_2O分子是锅炉烟气和其他一些工业气体中的重要组分，它可能与CO_2竞争活性吸附位点。Gallei等人[67]研究了在水存在的情况下，CO_2在CaY和NiY沸石上的物理吸附很少，因为水优先吸附在这些表面上。从热力学的角度来看，H_2O的存在对CO_2的吸附是不利的[68]。然而，Díaz等人[55]发现，将水分子处理后，Cs和Na处理的Y沸石上的CO_2吸附增加，并认为这是由于碱处理后沸石中Brønsted酸度增强。酸位点的数量可能在碱处理后（CsOH和NaOH）增加，水分子可以与Lewis位点配位并产生新的Brønsted酸位点。此外，H_2O可能对沸石骨架的稳定性产生不利影响。在CO_2存在下，酸性条件可能引起沸石结构脱铝，导致骨架部分或全部破坏。

4. MOF基吸附剂

金属有机框架（MOF）是一类新型结晶纳米多孔材料[69-70]，由过渡金属离子通过桥接有机配体连接以产生多孔结构，具有各种物理和化学性质，如超高比表面积和孔隙率大。有机接头和过渡金属的广泛替代可能性导致开发各种具有可调吸附位点的MOF，从而实现选择性和节能的CO_2捕获。MOFs因其典型的高孔体积和比表面积而特别受到关注，这提供了丰富的空隙空间和大量吸附位点来容纳CO_2。MOF的出色可调节性提供了化学和结构上可定制的纳米孔，因为它们具有最佳吸附位点，并仔细定位于选择性CO_2物理吸附（<200 ℃）[71]。CO_2吸附预计将受到MOF孔的拓扑结构和化学性质的严格影响。为了提高CO_2的选择性和亲和力，Anderson及其同事研究了MOF的各种拓扑和孔隙化学特征对增强CO_2捕获的作用。母体MOF的CO_2捕获能力通常通过氨基、硝基、羟基、氰基或硫醇相关化学物质的功能化来提高，但功效很大程度上取决于与孔拓扑相关的描述符[71-72]。

一般来说，MOF在工作能力、能耗和效率方面优于沸石[73]。它们的性能可以通过合成后改性[74]、有机配体的功能化[75-76]和将纳米材料[77]掺杂到它们的框架中来进一步实现与CO_2分子的强相互作用，从而显著提高吸附性能。

5. 碱金属碳酸盐吸附剂

碱金属碳酸盐基吸附剂（主要是 K_2CO_3和Na_2CO_3）因其高吸收率、低成本和低工作温度（在50～80 ℃下吸附和在低于200 ℃下解吸）而被广泛研究用于在化石燃料发电厂的CO_2捕集应用潜力[1]。碱金属碳酸盐与CO_2反应生成碱金属碳酸氢盐，吸附CO_2的基本原理如下：

$$M_2CO_3(s)+H_2O(g)+CO_2(g) = 2MHCO_3(s) \tag{2-15}$$

其中，M是钾或钠。Na_2CO_3/K_2CO_3的再生通常发生在超过150 ℃的温度下，在此过程中需要大量能量。此外，未经改性的Na_2CO_3/K_2CO_3吸附剂还存在碳化反应速度慢、耐久性差等问题，限制了其工业应用。因此，碱金属碳酸盐总是分散在稳定的多孔载体上，如金属氧化物（Al_2O_3、TiO_2、MgO）、活性炭和沸石，以提高其性能。Al_2O_3负载的Na_2CO_3吸附剂在相对较低的温度下表现出良好的CO_2吸附。与Na_2CO_3/Al_2O_3吸附剂相比，添加MgO后，CO_2的吸附量和吸附率均有所提高。

就CO_2吸附能力和吸附动力学而言，K_2CO_3通常比Na_2CO_3表现更好。K_2CO_3作为CO_2吸附剂的吸附过程分为三个步骤：①形成$K_2CO_3 \cdot 1.5H_2O$，②转化为$K_4H_2(CO_3)_3 1.5H_2O$，③进一步缓慢转化为$KHCO_3$。特别是具有高孔隙率和高机械强度的K_2CO_3/Al_2O_3是捕获CO_2的理想吸附剂。Na_2CO_3碳酸化过程的途径是由Cai等人提出的[78]，由扩散限制而不是表面的反应动力学控制。与反应物扩散有关的一种可能的限速反应途径是CO_2和H_2O分子通过$NaHCO_3$层扩散并在$NaHCO_3$和Na_2CO_3的界面处发生反应。另一种可能的反应途径是由于Na_2CO_3的Na^+扩散和 $NaHCO_3$的H^+反扩散到它们的界面，从而促进了反应。

6. 基于层状双氢氧化物的吸附剂

层状双氢氧化物（LDH），也称为类水滑石化合物（HT）或阴离子黏土，是层状碱性固体。它们已被广泛用作吸附剂、离子交换剂、碱催化剂和混合氧化物的前驱体，以用于各种催化应用[29]。它们的结构由带正电的水镁石样层组成，层间空间内具有电荷补偿阴离子和水分子[79]。金属阳离子占据八面体结构的中心，其顶点包含氢氧根离子，并且八面体通过共享边连接形成片状结构。化合物的通式为$[M^{2+}_{1-x}M^{3+}_{x}(OH)_2][A^{n-}]_{x/n}zH_2O$，其$M^{2+}$和$M^{3+}$分别为二价阳离子（$Mg^{2+}$、$Zn^{2+}$、$Ni^{2+}$等）和三价阳离子（$Al^{3+}$、$Ga^{3+}$、$Fe^{3+}$、$Mn^{3+}$等），$A^{n-}$是非骨架电荷补偿阴离子（$CO_3^{2-}$、$Cl^-$、$SO_4^{2-}$等），$x$通常在0.2 ~ 0.4之间。一般来说，LDH材料具有高比表面积和丰富的表面碱性位点，有利于吸附酸性CO_2[80]。

新鲜的LDH本身不具备任何碱性位点。热处理后，LDH逐渐失去层间水，然后在很大程度上脱羟基和脱碳，导致形成具有3D网络的混合氧化物。Reddy等人[81]研究了煅烧温度对Mg–Al–CO_3 LDH的CO_2吸附能力的影响。在400 ℃下煅烧的样品显示出最高的吸附容量，这可能是由于表面积和活性碱性位点之间达到最优的平衡。这种无定形相具有相对较高的表面积并在表面上暴露出足够的碱性位点。这些碱性位点有利于以反应（2-16）的形式对CO_2进行可逆吸附[82]。

$$Mg\text{–}O + CO_2 \rightleftharpoons Mg\text{–}O\cdots CO_2\,(ad) \tag{2-16}$$

LDH基吸附剂的一个主要问题是CO_2吸附容量相对较低。因此，在合成条件[83]、SO_x和H_2O的影响[84]、操作压力[85]、金属掺杂[86]、粒径[87]以及负载型LDHs的使用[88]等方面开展广泛研究。除了努力提高CO_2捕获能力外，更重要的问题是提高LDH在CO_2吸附/解吸循环操作期间的长期稳定性，这对于开发实际应用至关重要。

7. MgO基吸附剂

地球上丰富的氧化镁（MgO）因其高理论吸附能力、无毒性、低成本和相对较低的再生温度而显示出捕获CO_2的潜力[89]。它可以在200 ~ 400 ℃的温度范围内捕获CO_2，并且可以在450 ℃的中等温度下轻松再生[90]。然而，MgO吸附剂对CO_2捕获实际应用的主要障碍在于其低实际CO_2吸收和固有的高晶格焓而导致的不良吸附动力学和贫瘠的碱性活性位点[91]。人们普遍认为，在CO_2捕获过程中，高温暴露期间MgO的吸收趋势降低[92]。位于角/边说的低配位Mg^{2+}–O^{2-}位对CO_2表现出有利的相互作用，从而导致固有的吸附性能受限。

8. 钙基吸附剂

钙基材料因其与CO_2的高反应性、高容量和低材料成本等优势，成为被广泛接受的CO_2吸附剂[93]。CaO和CO_2之间的可逆反应，如反应（2-17）所示，为从各种清洁能源系统中减少CO_2提供巨大潜力。CaO基吸附剂的碳酸化温度在600 ~ 700 ℃之间，而再生温度通常在950 ℃以上[94]。

$$CaO\,(s) + CO_2\,(g) \rightleftharpoons CaCO_3\,(s),$$
$$\Delta H^{-}_{873.15\ K} = -171.2\ kJ\ mol^{-1}\ (\text{用于碳酸化}) \qquad (2\text{-}17)$$

这种碳酸化反应是高度放热的，可以有效回收CO_2捕获过程中释放的大量能量。初步经济分析表明，该工艺具有经济吸引力，因为石灰石（$CaCO_3$）丰富且在工业规模使用时成本低廉[95]。CO_2捕集反应的特点是初始快速且属于动力学控制阶段，然后是突然过渡到较慢的扩散控制阶段，而CO_2释放反应要快得多，并且总是在几分钟内完成。在实际应用中，该反应总是在850 ℃下进行，产生几乎纯的CO_2气体[96]。

尽管涉及简单的化学过程，但钙基材料的主要问题是吸附剂颗粒的烧结导致碳酸化反应的可逆性丧失[97]。

已经进行了许多努力来提高CaO基CO_2吸附剂的耐久性。目前，水合法被认为是一种很有前途的方法，可以重新激活用过的吸附剂[98]。在惰性气氛中，高温预活化（例如1 000 ℃或1 100 ℃保持6h或24h）是另一种选择方法[99]。另外，通过加入惰性材料，例如MgO[100]、$CaTiO_3$[101]和ZrO_2[102]

等，循环稳定性也能得到提高。这种方法的一个实际问题是吸附剂中存在大量的惰性材料，而这会增加资金和运营成本。实际上，使用廉价的天然吸附剂（例如石灰石），并将用过的吸附剂出售给水泥工业将具有可持续性发展的经济意义。

9. 碱金属硅酸盐吸附剂

碱金属硅酸盐，主要包括硅酸锂和硅酸钠，可作为高效的CO_2吸附剂。然而，考虑到实际应用的技术要求（如高吸附容量、良好的再生性能和快速的吸附/解吸动力学），并非所有上述吸附剂都适用。例如，Na_2SiO_3的吸附容量通常质量分数小于10%。相反，Li_8SiO_6表现出非常高的吸附容量（质量分数约为50%）和快速的动力学。不幸的是，较差的再生性能阻碍了其应用潜力[103]。与Na_2SiO_3和Li_8SiO_6相比，Li_4SiO_4不仅具有高吸附容量（质量分数为36.5%），而且具有良好的再生能力[104]。

10. 碱陶瓷基吸附剂

含碱金属（Li、Na、K等）的陶瓷是另一种高温CO_2吸附剂。1998年，Nakagawa和Ohashi首次报道了在高温（400 ~ 600 ℃）下使用Li_2ZrO_3捕获CO_2[105]。这种材料具有巨大的潜力，因为它具有出色的CO_2吸附能力（28%）以及在CO_2吸附/解吸循环过程中体积变化小[106]。反应过程由反应（2-18）描述，这个反应可以进行主要是由于陶瓷中的锂能够进行迁移[107]。在CO_2吸附过程中，锂原子从颗粒的核心扩散到表面，然后与CO_2反应生成Li_2CO_3，而CO_2在所产生的固体Li_2CO_3中的扩散是产生Li_2ZrO_3的速控步。逆反应通常发生在750 ~ 800℃左右。

$$Li_2ZrO_3 + CO_2 \rightleftharpoons Li_2CO_3 + ZrO_2,\ \Delta H_{298\,K} = -160\ kJ/mol \quad (2\text{-}18)$$

Li_2ZrO_3在实际应用中主要的障碍是其动力学限制。Nair等人[108]对不同晶体结构的Li_2ZrO_3进行了系统的性质研究。他们比较了三种Li_2ZrO_3粉末样品的性质：一种是商业化的，另两种是通过固态反应法和溶胶–凝胶法制备的，发现小粒径和四方相对于提高CO_2捕获性能至关重要。后来，Ochoa–Fernandez等人[109]成功地通过新的软化学路线合成了纳米晶四方Li_2ZrO_3，并实现了动力学的改进。

除锆酸盐外，原硅酸锂（Li_4SiO_4）[110]、Na_2SiO_3[111]和铜酸锂（$Li_{2+x}CuO_{2+x/2}$）[112]等其他含碱金属材料也是潜在的高温CO_2吸附剂。但是，这

方面似乎还有很多未被发现的材料，因此有必要进行系统的研究。

根据以上这些吸附剂其吸附/解吸温度大致可分为三类：低温、中温和高温吸附剂，温度范围分别为200 ℃以下、200～400℃和400℃以上。

①低温CO_2吸附剂包括碳、沸石、MOFs/ZIFs、碱金属碳酸盐和胺基材料。前三种材料主要通过物理作用吸附CO_2，而后两种材料可以化学结合CO_2，且大多具有良好的CO_2吸附能力。但是，对于实际应用，它们各有利弊。碳基材料丰富、便宜、易于制造、化学和水热稳定，但在其他气体（例如N_2、H_2、CH_4等）存在下，它们对CO_2的选择性较低。将胺基官能团连接到碳表面是解决这个问题的一个很好的选择。沸石和MOF/ZIF都具有很高的CO_2捕获能力，其中一些相当稳定，但通常并不便宜。碱金属碳酸盐和胺基吸附剂的主要挑战在于它们的长期稳定性。热稳定性和水热稳定性，尤其是在H_2O存在下，对于载体材料如介孔二氧化硅来说是个问题。另外值得一提的是，这些材料的CO_2吸附温度（一般低于60℃）略低于真实烟气（一般为90℃），目前的选择是先将烟气降温，这也是耗能的。应对这些材料进行某些修改以稍微提高它们的吸附温度。胺基固体吸附剂对CO_2和其他酸性气体具有较高的选择性，但其容量仍低于相应的液体胺。开发挥发性低、氨基密度高的胺分子应该是一个追求的方向。

②在各种中温CO_2吸附剂中，LDHs已得到充分研究，被认为是最有前途的吸附剂候选者。这种材料的主要问题仍然是其吸附能力、吸附动力学和稳定性不足。用K_2CO_3掺杂LDH可以提高其容量和动力学。对于LDH，一个无法绕过的关键问题是它们在实际操作条件下的稳定性，特别是在变压吸附/变温吸附（PSA/TSA）循环期间以及存在H_2O和SO_2的情况下。此外，从基础研究的角度来看，CO_2吸附活性位点的结构以及这些材料在CO_2吸附和解吸过程中的结构演变还不是很清楚，有待进一步研究。

③对于高温CO_2吸附剂，CaO和碱性陶瓷是代表性材料。这些CO_2吸附剂在吸附/解吸操作过程中会严重遭受质地退化。目前，这些材料运行几十个循环后就会出现明显的降解，离实际应用还很遥远。因此，非常需要提高它们的热稳定性。封装或负载的CaO类或LDH吸附剂可能具有更高的稳定性，但载体或基质材料必须对这些活性成分呈惰性。碳可能是一个不错的选择。

2.2.3 膜分离

膜分离工艺目前在商业上用于从天然气中去除CO_2。在这些气流中，总压力和CO_2浓度很高，主要由CO_2和CH_4组成[113]。该气流与燃烧后烟道气流中遇到的气流大不相同，后者含有诸如NO_x和SO_x的杂质并且处于大气压下。

该膜充当过滤器以从混合物中去除一种或多种气体成分并产生富含某一种或某几种成分的渗透物。渗透性和选择性通常用于描述膜的性能。理想情况下，膜应具有高CO_2渗透性和选择性。

膜的渗透性和选择性在很大程度上取决于气流特性（即速度和气体组分分子量和动力学直径）、膜材料以及膜的合成方式。聚合物膜通常表现出高CO_2渗透性但选择性低。通过改变膜合成过程中的温度、压力和聚合物浓度，可以对渗透性和选择性进行一些控制。聚合物膜在高温下容易老化、塑化和降解。另一方面，无机膜往往具有高选择性，但与大多数聚合物膜相比，其CO_2渗透性较低，这限制了它们在CO_2捕集方面的应用。然而，大多数无机膜表现出优异的热稳定性和化学稳定性[2, 13, 114]。

基于膜分离的CO_2捕集系统使用可渗透或半渗透材料，这些材料选择性地传输和分离CO_2与其他气流成分。燃烧后通过膜分离从CO_2/N_2气流中分离出CO_2。因此，为了使膜有效，必须首先对烟道气进行预处理以去除诸如NO_x和SO_x之类的杂质。除去杂质后，气流必须冷却到 100 ℃以下，以避免膜的热降解（在大多数情况下）。一旦冷却，气流就被压缩到15 ~ 20个大气压，从而为膜内的分离产生很大的驱动力。一旦进入膜单元，CO_2就会与N_2分离。有无数类型的膜可用于CO_2捕获。因此，了解膜的工作原理和性能如何判断是很重要的。

1. 有机膜（聚合物）

多种聚合物膜对CO_2/N_2气流中的CO_2具有良好的渗透性和选择性[114]。这些包括聚酰亚胺[115]、聚碳酸酯[114]、聚环氧乙烷（PEO）[116]、聚乙炔[117]和聚苯胺[118]等。

2. 无机膜

无机膜可分为多孔和无孔两大类。通常，无孔膜用于小分子气体的高选择性分离。多孔膜系统由浇铸在多孔载体（通常是金属或陶瓷）上的多孔薄顶膜层组成，以提供机械强度。相对于被移除的组分，材料必须提供最小的传质阻力。多孔无机膜比无孔膜便宜，但对CO_2的选择性较低。无机膜还具有难以扩大到大表面积的缺点。常见的多孔无机材料包括氧化铝、二氧化硅和沸石。

3. 混合基质膜

混合基质膜旨在增强聚合物膜的性能。它们由结合到聚合物基质中的微米或纳米尺寸的无机颗粒组成。添加无机颗粒增强了聚合物膜的物理、热和机械性能，因此更适合从烟道气中去除CO_2。与混合基质膜相关的挑战包括它们的高成本、脆性和难以商业规模制造[2]。

4. 膜接触器系统

膜接触器系统将膜与吸收液（例如胺）组合成一个单元。吸收液体可以是任何用于吸收CO_2的液体。这些系统的目标是减小与传统CO_2吸收系统相关的吸收单元的尺寸[119]。

使用膜接触器，气相通过多孔防水聚合物膜与液相分离。至关重要的是气相和液相不混合，因此膜应该是疏水的。烟道气流沿膜的一个边缘进料，而吸收液沿另一边缘进料。CO_2将通过与吸收液接触并被吸收液吸收的膜扩散，剩余的烟气排放到大气中。在吸收之前使用膜将CO_2从烟道气中分离出来，可以减少进入吸收塔的气体总体积。烟气体积的减少意味着吸收设备的尺寸可以减小。该系统的优点包括：①气体和液体的流动是相互独立的。这缓解了与填充柱相关的常见问题，并可以显著降低吸收液的循环速率。②由于气体体积的减少，吸收单元的尺寸可能会减小。③易于放大，气液界面面积大，以及增加传质速率[120]。

对于实际用于CO_2燃烧后捕集的膜，相信使用的任何膜都必须具备以下特性：①高CO_2渗透性。②高CO_2/N_2选择性。③热稳定性和化学稳定性。④增塑和抗老化性。⑤能够廉价地制造用于商业用途。

膜分离的优点包括：①简单，无需添加化学品或用膜再生溶剂。②低资本成本。③紧凑的设计。④避免与吸收相关的操作问题。如起泡、溢流、夹带和窜槽。与膜分离相关的限制其使用的问题包括：①初始烟气流压力小（1 bar），这意味着膜中分离的驱动力低，气流必须压缩到15 ~ 20 bar才能有效分离。②进料流中的CO_2含量低，需要高选择性的膜。③烟气高温会使有机膜降解。气体必须冷却到100℃以下。④膜必须耐烟气杂质、老化和塑化（硬化）。⑤单级膜系统不具备高的CO_2捕集效率，需要第二阶段的捕集[2]。

2.3 CO_2还原的主要途径

2.3.1 CO_2光催化还原

光催化反应是将大量可用的光子能量转化为有价值的化学能的绿色技术。在CO_2光催化还原反应中，模拟太阳光为反应体系提供能量，以此来激发还原反应的顺利进行，从而产生高附加值的CO、甲酸和CH_4等还原性产物[121]。由于CO_2光催化还原反应将光能转化为化学能的过程与自然界中绿色植物的光合作用［图2-1（a）］相似，因此CO_2光还原反应被称为人工光合作用[122]。理想的人工光合作用系统至少包含三个主要部分：光吸收、水氧化和CO_2还原。如图2-1（b）所示，一般在人工光合作用的过程中，光敏剂吸收光能从基态激发到激发态，然后将激发态的电子转移到催化剂上，催化剂负责将吸附在其表面的CO_2还原为有价值的化学品，同时水被氧化为O_2[123]。

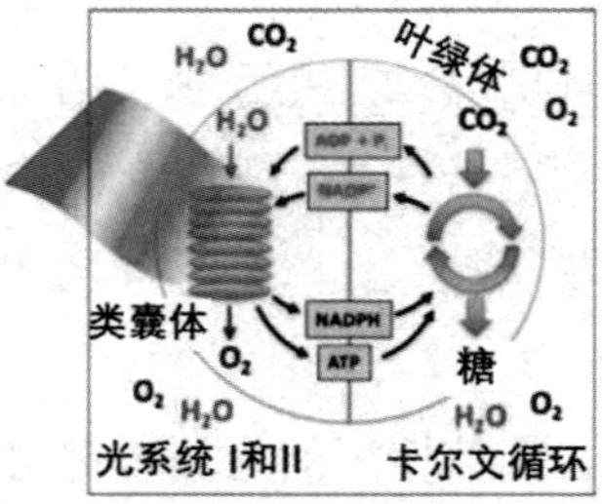

（a）自然光合作用

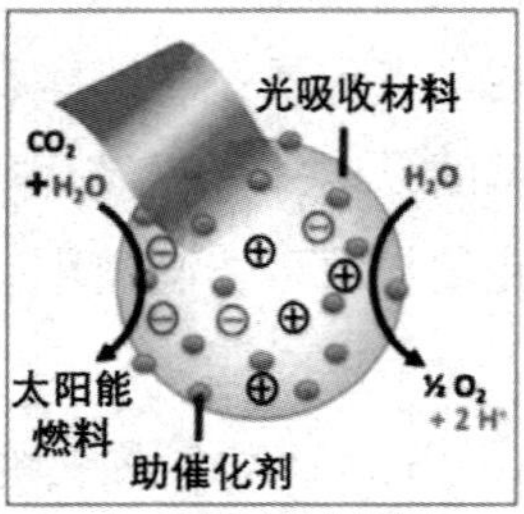

（b）人工光合作用

图2-1　光合作用示意图[123]

近年来，CO_2光催化还原反应逐渐成为极具吸引力和挑战性的课题。一方面，为了提高CO_2光催化还原的活性和选择性，科研工作者探索了各种方法，例如缩小半导体催化剂的带隙以增大光吸收的范围；制备新颖的纳米结构或半导体光催化剂的异质结来促进电荷分离；设计可控纳米结构的多功能助催化剂等[124]。简而言之，要改善CO_2光催化还原的活性和选择性，应综合考虑和优化表面吸附/活化和CO_2反应动力学以及载流子动力学等因素。另一方面，越来越多的科研工作者致力于新型CO_2光催化剂的设计、开发和反应机理等方面的研究[125-126]。

2.3.2　CO_2电催化还原

CO_2电催化还原反应利用电能作为驱动力，将常温常压下的气体CO_2转化为有价值的燃料或化学原料。但是，由于CO_2分子非常稳定，因此电还原反应需要高的超电势才能驱动反应顺利进行。如图2–2所示，在电催化电池中通过不同途径形成了具有高能量密度的可能产物，例如甲酸、一氧化碳、甲醇和甲烷等[127]。在阴极，催化剂得到电子后，使吸附在其表面的CO_2分子发生还原反应，并得到高附加值的还原产物；同时，在阳极，水分子被氧化为氧气。

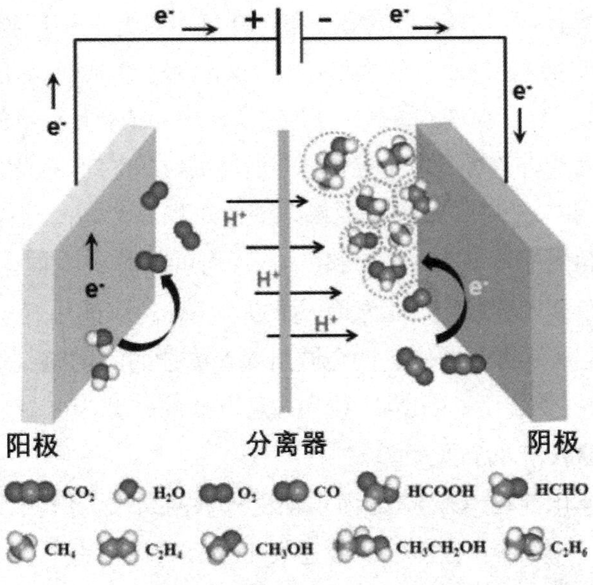

图2–2　电化学CO_2还原过程和电化学反应电池中可能产生的产物[127]

由于CO_2电催化还原为高附加值的化学品需要多个质子与电子的转移，并伴随着竞争性的产氢反应，这都导致乙烯和乙醇等多碳化合物的选择性较低。相对于甲酸、一氧化碳等单碳产品，多碳化合物具有更高的能量密度和更广泛的适用性，因此它们成为科研工作者追求的主要产物。在所有金属中，Cu是唯一能够将CO_2有效还原为碳氢化合物和醇的金属，而氢气、CO和甲酸是其他金属产生的主要产物[48]。CO_2电催化还原是反应物在催化剂表面重新排列的过程，此过程将影响反应物的吸附和键裂，从而决定了催化剂的性能[128]。此外，催化剂的合理设计和反应体系的优化对于解决该反应的一些挑战也至关重要[50]。因此，高活性和选择性催化剂的开发以及提高有效的CO_2转化率是CO_2电催化还原实际应用的关键挑战。

2.3.3 CO_2热催化还原

CO_2热催化还原是以热量作为能量输入，在催化剂存在的情况下将CO_2加氢还原为有用的化学品。传统的费托合成（CO-FT）以CO和H_2为原料，在催化剂和合适的条件下制备成碳氢化合物[129]。类似地，以铁基或者钴基材料为催化剂，CO_2也可以直接通过改进的费-托合成法（CO_2-FT）将CO_2加氢生成含氧化合物或碳氢化合物[130-132]。然而，钴基催化剂在CO_2-H_2进料中并不遵循典型的安德森-舒尔茨-弗洛里分布，并且甲烷是主要产物[132-133]。这可能与钴基催化剂通过逆向水煤气变换反应（RWGS）生成CO的活性低有关。根据相关文献可知[132]，在铁基催化剂上将CO_2转化为碳氢化合物的重要中间体是CO。但是，没有修饰改进的铁基催化剂对所需的CO_2-FT产品没有选择性[130]。而Mn、Cu、K和Ce是研究最深入的掺杂剂，对提高产物的选择性具有积极影响。从机理的角度来看，Mn[134]和Cu[135]均可改善FeO_x催化剂的还原性、FeO_x种类的分布和表面碱度。需要注意的是，Mn的积极作用仅在有限的浓度范围内有效，这是因为活性位点铁会被高浓度掺杂的Mn所覆盖[134, 136]。与低浓度的Mn相比，掺杂大量的K对CO_2-FT是有益的，因为大量的K有利于减少CH_4的形成和提高CO_2的转化效率[137]。

尽管铁基催化剂在CO_2-FT方面表现出较好的结果，但就其活性和副产物甲烷的形成而言，其催化性能的研究还处于初级阶段。为了进一步提高CO_2转化为碳氢化合物的效率，可以将CO_2先转化为CO，然后再进行CO-FT反应。Graves等人[138]通过三个主要步骤分析了CO_2的能量平衡和反应的经济性：①CO_2捕获；②H_2O和CO_2转化为合成气；③经典CO-FT合成。其中，CO_2和H_2O的活化部分是最需要能量的，并且决定了整个过程的成本。为了降低成本，作者建议使用CO-FT合成的热量预热CO_2和H_2O，以降低热中性电压，从而提高整体效率。此外，捕集二氧化碳的成本也会提高整个反应的成本。因此，只有显著降低电力成本、提高生产技术的经济性，才能使这种催化还原策略在各种技术中具有竞争力。虽然CO_2热催化还原反应已经取得较大研究进展和应用，但是也面临很多挑战，比如繁琐的操作步骤、极端的反应条件和较低的催化效率等。

2.3.4　CO_2光电催化还原

与CO_2电催化还原工艺相比，基于光电极的光电化学还原可以整合并优化光催化和电催化的优势，从而促进电荷分离并提高太阳能转换效率[139]。通常，CO_2光电催化还原（PEC）系统涉及三个关键步骤，如图2–3所示，第一步是催化剂吸收光子，其中光子能量等于或高于光电极的带隙能量（E_g），而后产生电子–空穴对。第二步，光生电子和空穴独立地迁移到阴极和阳极的表面以分别进行还原和氧化反应。第三步，电子将阴极表面上吸附的CO_2还原为CO和CH_4等化学产品，而空穴将阳极上的H_2O氧化为O_2。在每个步骤中，大部分电子–空穴对可能通过重组而消耗，并以光或热的形式释放能量[140]。

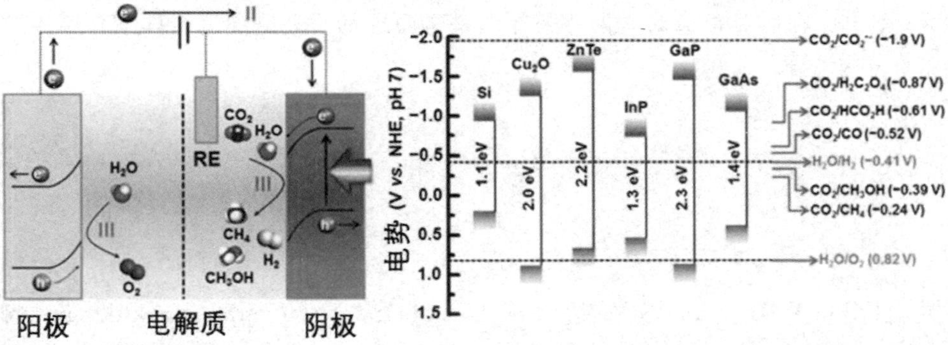

（a）CO_2光电催化还原系统　　　（b）光电阴极的导带（红色方块）和价带（蓝色方块）

图2–3　CO_2光电催化还原系统及光电阶级的导带和价带能级

在上述反应过程的基础上，科研工作者尝试各种策略来提高CO_2光电催化的转化效率。这些策略包括扩大光吸收范围、控制电极表面形态、构建均相/异质结以及加速表面反应动力学等[141-142]。此外，在CO_2光电催化还原中，为了增强电荷载流子的分离，有些课题组尝试了光电阴极掺杂的研究[143-144]和基于异质结光电阴极的设计与开发[145-146]；有文献报道通过负载助催化剂的光电阴极可以加速反应动力学以及控制表面缺陷和碱性部位，从而改善CO_2的吸附/活化性能[147]。

一般情况下，电荷载流子的产生和传输在飞秒到皮秒内发生，而表面反应通常需要数百皮秒到微秒的时间[148]。因此，由于热力学和动力学方面的障碍，一般表面反应会成为整个CO_2光电催化还原过程的决速步骤[147]。此外，反应体系中的水会与表面的CO_2发生激烈的竞争反应，并由此产生副产物氢气，这将导致碳基产物的选择性降低。因此，表面反应的加速和调节对于太阳能转化为化学物质的效率至关重要。

2.4 本章小结

为了解决环境问题和能源危机，对排放到空气中的CO_2进行分离和捕集是非常有必要的。目前捕集的主要方式包括化学吸附、固体吸附和膜分离等。而后，对捕集到的CO_2进行资源化利用，对于缓解环境和能源问题可谓是“一石二鸟”。目前CO_2转化利用的主要途径有光催化、电催化、热催化和光电催化等。本书将在后续章节对光催化还原的基本原理和研究进展进行详细介绍。

参考文献

[1]Gao W L, Liang S Y, Wang R J, et al. Industrial carbon dioxide capture and utilization: state of the art and future challenges[J]. Chemical Society Reviews, 2020, 49(23): 8584-8686.

[2]Yang H Q, Xu Z H, Fan M H, et al. Progress in carbon dioxide separation and capture: A review[J]. Journal of Environmental Sciences, 2008, 20(1): 14-27.

[3]Markewitz P, Kuckshinrichs W, Leitner W, et al. Worldwide innovations in the development of carbon capture technologies and the utilization of CO_2[J]. Energy & environmental science, 2012, 5(6): 7281-7305.

[4]Carapellucci R, Adriano M. Membrane systems for CO_2 capture and their integration with gas turbine plants[J]. Proceedings of the Institution of Mechanical Engineers, Part A: Journal of Power and Energy, 2003, 217(5): 505-517.

[5]Cavenati S, Carlos C A, Rodrigues A E. Adsorption equilibrium of methane,

carbon dioxide, and nitrogen on zeolite 13X at high pressures[J]. Journal of Chemical & Engineering Data, 2004, 49(4): 1095-1101.

[6]Bae Y S, Mulfort K L, Frost H, et al. Separation of CO_2 from CH_4 using mixed-ligand metal-organic frameworks[J]. Langmuir, 2008, 24(16): 8592-8598.

[7]Spigarelli B P, Kawatra S K. Opportunities and challenges in carbon dioxide capture[J]. Journal of CO_2 Utilization, 2013, 1: 69-87.

[8]Herzog H, Golomb D. Carbon capture and storage from fossil fuel use[J]. Encyclopedia of energy, 2004, 1(6562): 277-287.

[9]Yeh A C, Bai H. Comparison of ammonia and monoethanolamine solvents to reduce CO_2 greenhouse gas emissions[J]. Science of the Total Environment, 1999, 228(2-3): 121-133.

[10]Reddy S, Johnson D, Gilmartin J. Fluor's Econamine FG PlusSM technology for CO_2 capture at coal-fired power plants[J]. Power plant air pollutant control mega symposium, 2008, 25-28.

[11]Metz B, Davidson O, De Coninck H C, et al. Special report on carbon dioxide capture and storage[M]. Cambridge: Cambridge University Press, 2005: 107-171.

[12]D'Alessandro D M, Smit B, Long J R Carbon dioxide capture: prospects for new materials[J]. Angewandte Chemie International Edition, 2010, 49(35): 6058-6082.

[13]Olajire A A. CO_2 capture and separation technologies for end-of-pipe applications-A review[J]. Energy, 2010, 35(6): 2610-2628.

[14]Yeh J T, Resnik K P, Rygle K, et al. Semi-batch absorption and regeneration studies for CO_2 capture by aqueous ammonia[J]. Fuel Processing Technology, 2005, 86(14-15): 1533-1546.

[15]Spigarelli B P, Kawatra S K. Opportunities and challenges in carbon dioxide capture[J]. Journal of CO_2 Utilization, 2013, 1: 69-87.

[16]Resnik K P, Pennline H W. Study of an ammonia-based wet scrubbing process in a continuous flow system[J]. Fuel, 2013, 105: 184-191.

[17]Figueroa J D, Fout T, Plasynski S, et al. Advances in CO_2 capture

technology-the US Department of Energy's Carbon Sequestration Program[J]. International journal of greenhouse gas control, 2008, 2(1): 9-20.

[18]Liu J, Wang S, Zhao B, et al. Absorption of carbon dioxide in aqueous ammonia[J]. Energy Procedia, 2009, 1(1): 933-940.

[19]Zhang Y, Li Z Z, Li X, et al. Preliminary study to capture CO_2 in flue gas by spraying aqueous ammonia to produce NH_4HCO_3[R]. Beijing: National Power Plant Combustion Engineering Technology Research Center, 2003.

[20]Bai H, Yeh A C. Removal of CO_2 greenhouse gas by ammonia scrubbing[J]. Industrial & Engineering Chemistry Research, 1997, 36(6): 2490-2493.

[21]He Q., Chen M, Meng L, et al. Study on carbon dioxide removal from flue gas by absorption of aqueous ammonia[J]. Institute for Combustion Science and Environmental Technology, 2004, 200.

[22]Huang H P, Shi Y, Li W, et al. Dual alkali approaches for the capture and separation of CO_2[J]. Energy & fuels,2001, 15(2): 263-268.

[23]Comstock C S, Dodge B F. Rate of carbon dioxide absorption by carbonate solutions in a packed tower[J]. Industrial & Engineering Chemistry, 1937, 29(5): 520-529.

[24]Howe H E. Manufacture of carbon dioxide[J]. Industrial & Engineering Chemistry, 1928, 20(10): 1091-1094.

[25]Knuutila H, Svendsen H F, Anttila M. CO_2 capture from coal-fired power plants based on sodium carbonate slurry; a systems feasibility and sensitivity study[J]. International journal of greenhouse gas control, 2009, 3(2): 143-151.

[26]Knuutila H, Juliussen O, Svendsen H F. Kinetics of the reaction of carbon dioxide with aqueous sodium and potassium carbonate solutions[J]. Chemical Engineering Science, 2010, 65(23): 6077-6088.

[27]Wappel D, Khan A, Shallcross D, et al. The effect of SO_2 on CO_2 absorption in an aqueous potassium carbonate solvent[J]. Energy procedia, 2009, 1(1): 125-131.

[28]Harrison D P. The role of solids in CO_2 capture: A mini review[J]. Greenhouse Gas Control Technologies, 2005, 7:1101-1106.

[29]Wang Q, Luo J, Zhong Z, et al. CO_2 capture by solid adsorbents and their applications: current status and new trends[J]. Energy & Environmental Science, 2011, 4(1): 42-55.

[30]Yang Q Y, Guillerm V, Ragon F, et al. CH_4 storage and CO_2 capture in highly porous zirconium oxide based metal-organic frameworks[J]. Chem. Commun, 2012, 48: 9831-9833.

[31]Ho M T, Allinson G W, Wiley D E. Reducing the cost of CO_2 capture from flue gases using pressure swing adsorption[J]. Industrial & Engineering Chemistry Research, 2008, 47(14): 4883-4890.

[32]Drage T C, Arenillas A, Smith K, et al. Comparison of pre and postcombustion CO_2 adsorbent technologies[J]. In 8th International Conference on Greenhouse Gas Control Technologies, 2006, 19-22.

[33]Pires J C M, Martins F G, Alvim-Ferraz M C M, et al. Recent developments on carbon capture and storage: An overview[J]. Chemical engineering research and design, 2011, 89(9): 1446-1460.

[34]Ge K, Yu Q, Chen S, et al. Modeling CO_2 adsorption dynamics within solid amine sorbent based on the fundamental diffusion-reaction processes[J]. Chemical engineering journal, 2019, 364: 328-339.

[35]Sha F, Hong H, Zhu N, et al. Direct non-biological CO_2 mineralization for CO_2 capture and utilization on the basis of amine-mediated chemistry[J]. Journal of CO_2 Utilization, 2018, 24: 407-418.

[36]Afonso R, Sardo M, Mafra L, et al. Unravelling the structure of chemisorbed CO_2 species in mesoporous aminosilicas: a critical survey[J]. Environmental Science & Technology, 2019, 53(5): 2758-2767.

[37]Boukoussa B, Hakiki A, Nunes-Beltrao A P, et al. Assessment of the intrinsic interactions of nanocomposite polyaniline/SBA-15 with carbon dioxide: Correlation between the hydrophilic character and surface basicity[J]. Journal of CO_2 Utilization, 2018, 26: 171-178.

[38]Zhang H, Goeppert A, Kar S Y, et al. Structural parameters to consider in selecting silica supports for polyethylenimine based CO_2 solid adsorbents.

Importance of pore size[J]. Journal of CO_2 Utilization, 2018, 26: 246-253.

[39]Keller L, Ohs B, Abduly L, et al. Carbon nanotube silica composite hollow fibers impregnated with polyethylenimine for CO_2 capture[J]. Chemical Engineering Journal, 2019, 359: 476-484.

[40]Forse A C, Milner P J, Lee J H, et al. Elucidating CO_2 chemisorption in diamine-appended metal-organic frameworks[J]. Journal of the American Chemical Society, 2018, 140(51): 18016-18031.

[41]Li H, Wang K, Hu Z, et al. Harnessing solvent effects to integrate alkylamine into metal-organic frameworks for exceptionally high CO_2 uptake[J]. Journal of Materials Chemistry A, 2019, 7(13): 7867-7874.

[42]Zhang Y, Gao Y, Pfeiffer H, et al. Recent advances in lithium containing ceramic based sorbents for high-temperature CO_2 capture[J]. Journal of Materials Chemistry A, 2019, 7(14): 7962-8005.

[43]Min K, Choi W, Kim C, et al. Rational design of the polymeric amines in solid adsorbents for postcombustion carbon dioxide capture[J]. ACS Applied Materials & Interfaces, 2018, 10(28): 23825-23833.

[44]Ouyang J, Zheng C, Gu W, et al. Textural properties determined CO_2 capture of tetraethylenepentamine loaded SiO_2 nanowires from α-sepiolite[J]. Chemical Engineering Journal, 2018, 337: 342-350.

[45]Liu F, Fu W, Chen S. Synthesis, characterization and CO_2 adsorption performance of a thermosensitive solid amine adsorbent[J]. Journal of CO_2 utilization, 2019, 31: 98-105.

[46]Wang Q, Luo J, Zhong Z, et al. CO_2 capture by solid adsorbents and their applications: current status and new trends[J]. Energy & Environmental Science, 2011, 4(1): 42-55.

[47]Zhao D, Cleare K, Oliver C, et al. Characteristics of the synthetic heulandite-clinoptilolite family of zeolites[J]. Microporous and Mesoporous Materials, 1998, 21(4-6): 371-379.

[48]Jacobs P A, van Cauwelaert F H, Vansant E F. Surface probing of synthetic faujasites by adsorption of carbon dioxide. Part 2. Infra-red study of carbon dioxide

adsorbed on X zeolites exchanged with mono-and bi-valent ions[J]. Journal of the Chemical Society, Faraday Transactions 1: Physical Chemistry in Condensed Phases, 1973, 69: 2130-2139.

[49]Montanari T, Busca G. On the mechanism of adsorption and separation of CO_2 on LTA zeolites: An IR investigation[J]. Vibrational Spectroscopy, 2008, 46(1): 45-51.

[50]Ko D, Siriwardane R, Biegler L T. Optimization of a pressure-swing adsorption process using zeolite 13X for CO_2 sequestration[J]. Industrial & Engineering Chemistry Research, 2003, 42(2): 339-348.

[51] Xu X C, Song C S, et al. Preparation and characterization of novel CO_2"molecular basket" adsorbents based on polymer-modified mesoporous molecular sieve MCM-41[J]. Microporous and Mesoporous Materials, 2003, 62, 29-45.

[52] Hernandez-Huesca R, Dıaz L, Aguilar-Armenta G. Adsorption equilibria and kinetics of CO_2, CH_4 and N_2 in natural zeolites[J].Separation and Purification Technology, 1999, 15, 163-173.

[53] Xiao P, Zhang J, Webley P, et al. Capture of CO_2 from flue gas streams with zeolite 13X by vacuum-pressure swing adsorption[J]. Adsorption, 2008, 14, 575-582.

[54] Liang Z J , Marshall M. Comparison of Cu-BTC and zeolite 13X for adsorbent based CO_2 separation[J]. Energy Procedia, 2009, 1, 1265-1271.

[55] Dıaz E, Munoz E, Vega A, et al. Enhancement of the CO_2 Retention Capacity of Y Zeolites by Na and Cs Treatments: Effect of Adsorption Temperature and Water Treatment[J]. Industrial & Engineering Chemistry Research, 2008, 47, 412-418.

[56] Pires J, Brotas de Carvalho M, Ribeiro F R. Carbon dioxide in Y and ZSM-20 zeolites: Adsorption and infrared studies[J].Journal of Molecular Catalysis, 1993, 85, 295-303.

[57] Merel J, Clausse M, Meunier F. Experimental Investigation on CO_2 Post–Combustion Capture by Indirect Thermal Swing Adsorption Using 13X and 5A

Zeolites[J]. Industrial & Engineering Chemistry Research, 2008, 47,209-215.

[58] Li P Y, Tezel F H. Adsorption separation of N_2, O_2, CO_2 and CH_4 gases by β-zeolite[J]. Microporous and Mesoporous Materials, 2007, 98, 94-101.

[59] Wirawan S K, Creaser D. CO_2 adsorption on silicalite-1 and cation exchanged ZSM-5 zeolites using a step change response method[J]. Microporous and Mesoporous Materials, 2006, 91, 196-205.

[60] Zhang J, Singh R, Webley P A. Alkali and alkaline-earth cation exchanged chabazite zeolites for adsorption based CO_2 capture[J]. Microporous and Mesoporous Materials, 2008, 111, 478-487.

[61] Harlick P J E, Tezel F H. An experimental adsorbent screening study for CO_2 removal from N_2[J]. Microporous and Mesoporous Materials, 2004, 76, 71-79.

[62] Siriwardane R V, Shen M S , Fisher E P, et al. Poston, Adsorption of CO_2 on Molecular Sieves and Activated Carbon[J]. Energy Fuels, 2001, 15, 279-284.

[63] Calleja G, Pau J, Calles J A . Pure and Multicomponent Adsorption Equilibrium of Carbon Dioxide, Ethylene, and Propane on ZSM-5 Zeolites with Different Si/Al Ratios[J]. Journal of Chemical & Engineering Data, 1998, 43, 994-1003.

[64] Walton K S, Abney M B, LeVan M D. CO_2 adsorption in Y and X zeolites modified by alkali metal cation exchange[J]. Microporous and Mesoporous Materials., 2006, 91, 78-84.

[65] Yamazaki T , Katoh M , Ozawa S, et al. Adsorption of CO_2 over univalent cation-exchanged ZSM-5 zeolites[J]. Molecular Physics, 1993, 80, 313-324.

[66] Wirawan S K , Creaser D. Multicomponent H_2/CO/CO_2 adsorption on BaZSM-5 zeolite[J].Separation and Purification Technology, 2006, 52, 224-231.

[67] Gallei E, Stumpf G. Infrared spectroscopic studies of the adsorption of carbon dioxide and the coadsorption of carbon dioxide and water on CaY- and NiY-zeolites[J].Journal of Colloid and Interface Science, 1976, 55, 415-420.

[68] Janchena J, Mo€hlmannb D T F , Stach H. Water and carbon dioxide sorption properties of natural zeolites and clay minerals at martian surface temperature and pressure conditions[J].Studies in Surface Science and

Catalysis,2007, 170, 2116-2121.

[69] Cheng Y D, Tavares S R , Doherty C M , et al. Enhanced Polymer Crystallinity in Mixed-Matrix Membranes Induced by Metal–Organic Framework Nanosheets for Efficient CO_2 Capture[J].ACS Applied Materials & Interfaces, 2018, 10, 43095–43103.

[70] Gao Y Q, Qiao Z H, Zhao S, et al. In situ synthesis of polymer grafted ZIFs and application in mixed matrix membrane for CO_2 separation[J]. Journal of Materials Chemistry A, 2018, 6, 3151–3161.

[71] Anderson R, Rodgers J, Argueta E, et al. Role of Pore Chemistry and Topology in the CO_2 Capture Capabilities of MOFs: From Molecular Simulation to Machine Learning[J]. Chemistry of Materials, 2018, 30, 6325–6337.

[72] Bien C E , Chen K K , Chien S C, et al. Bioinspired Metal–Organic Framework for Trace CO_2 Capture[J]. Journal of the American Chemical Society, 2018, 140,12662–12666.

[73] Qasem N A A, Ben-Mansour R. Adsorption breakthrough and cycling stability of carbon dioxide separation from $CO_2/N_2/H_2O$ mixture under ambient conditions using 13X and Mg-MOF-74[J]. Applied Energy, 2018, 230, 1093–1107.

[74] Liu M, Xie K, Nothling M D , et al. Ultrathin Metal–Organic Framework Nanosheets as a Gutter Layer for Flexible Composite Gas Separation Membranes. ACS Nano, 2018, 12, 11,11591–11599.

[75] Gottschling K, Stegbauer L, Savasci G, et al. Molecular Insights into Carbon Dioxide Sorption in Hydrazone-Based Covalent Organic Frameworks with Tertiary Amine Moieties[J]. Chemistry of Materials, 2019, 31, 1946–1955.

[76] Jiang Y, Tan P, Qi S C, et al. Metal–Organic Frameworks with Target-Specific Active Sites Switched by Photoresponsive Motifs: Efficient Adsorbents for Tailorable CO_2 Capture[J]. Angewandte Chemie International Edition, 2019, 58, 6600–6604.

[77] Zhang S H, Du M, Shao P J, et al. Carbonic Anhydrase Enzyme-MOFs Composite with a Superior Catalytic Performance to Promote CO_2 Absorption into Tertiary Amine Solution[J]. Environmental Science & Technology, 2018, 52, 12708–

12716.

[78] Cai T Y, Johnson J K , Wu Y et al. Toward Understanding the Kinetics of CO_2 Capture on Sodium Carbonate[J]. ACS Applied Materials & Interfaces, 2019, 11, 9033–9041.

[79] Williams G R, O' Hare D, Towards understanding, control and application of layered double hydroxide chemistry[J]. Journal of Materials Chemistry, 2006, 16, 3065-3074.

[80] San Roman M S, Holgado M J, Jaubertie C, et al. Synthesis, characterisation and delamination behaviour of lactate-intercalated Mg,Al-hydrotalcite-like compounds[J]. Solid State Sciences, 2008, 10, 1333-1341.

[81] Ram Reddy M K, Xu Z P, Lu G Q, et al. Layered Double Hydroxides for CO_2 Capture: Structure Evolution and Regeneration[J]. Industrial & Engineering Chemistry Research, 2006, 45, 7504-7509.

[82] Ram Reddy M K, Xu Z P, Lu G Q, et al. Influence of Water on High-Temperature CO_2 Capture Using Layered Double Hydroxide Derivatives[J]. Industrial & Engineering Chemistry Research, 2008, 47, 2630-2635.

[83] Sharma U, Tyagi B, Jasra R V. Synthesis and Characterization of Mg−Al−CO_3 Layered Double Hydroxide for CO_2 Adsorption[J]. Industrial & Engineering Chemistry Research, 2008, 47, 9588-9595.

[84] Ram Reddy M K, Xu Z P, Lu G Q, et al. Effect of SO_x Adsorption on Layered Double Hydroxides for CO_2 Capture[J]. Industrial & Engineering Chemistry Research, 2008, 47, 7357-7360.

[85] Reynolds S P, Ebner A D, Ritter J A. Stripping PSA Cycles for CO2 Recovery from Flue Gas at High Temperature Using a Hydrotalcite-Like Adsorbent[J]. Industrial & Engineering Chemistry Research, 2006, 45, 4278-4294.

[86] Walspurger S, Boels L, Cobden P D, et al. The Crucial Role of the K^+–Aluminium Oxide Interaction in K^+-Promoted Alumina- and Hydrotalcite-Based Materials for CO_2 Sorption at High Temperatures[J]. ChemSusChem, 2008, 1, 643-650.

[87] Dadwhal M, Kim T, Sahimi M, et al. Study of CO_2 Diffusion and Adsorption on Calcined Layered Double Hydroxides: The Effect of Particle Size[J].

Industrial & Engineering Chemistry Research, 2008, 47, 6150-6157.

[88] Meis N N A H, Bitter J H, de Jong K P. Support and Size Effects of Activated Hydrotalcites for Precombustion CO_2 Capture[J]. Industrial & Engineering Chemistry Research, 2010, 49, 1229-1235.

[89] Wang Y C, Liu B Y, Zhao X A, et al. Turning a native or corroded Mg alloy surface into an anti-corrosion coating in excited CO_2[J]. Nature Communications, 2018, 9, 4058–4065.

[90] Gao W L, Zhou T T, et al. Hydrothermal Fabrication of High Specific Surface Area Mesoporous MgO with Excellent CO_2 Adsorption Potential at Intermediate Temperatures[J]. Catalysts, 2017, 7, 116.

[91] Hu Y C, Guo Y F, Sun J, et al. Progress in MgO sorbents for cyclic CO_2 capture: a comprehensive review[J]. Journal of Materials Chemistry A, 2019, 7, 20103–20120.

[92] Gao W L, Zhou T T, Wang Q. Controlled synthesis of MgO with diverse basic sites and its CO_2 capture mechanism under different adsorption conditions[J]. Chemical Engineering Journal, 2018, 336, 710–720.

[93] Florin N H, Harris A T. Reactivity of CaO derived from nano-sized $CaCO_3$ particles through multiple CO_2 capture-and-release cycles[J]. Chemical Engineering Journal, 2009, 64, 187-191.

[94] Harrison D P. Sorption-Enhanced Hydrogen Production: A Review[J]. Industrial & Engineering Chemistry Research, 2008, 47, 6486-6501.

[95] MacKenzie A, Granatstein D L, Anthony E J, et al. Economics of CO_2 Capture Using the Calcium Cycle with a Pressurized Fluidized Bed Combustor[J]. Energy Fuels, 2007, 21, 920-926.

[96] Alvarez D, Abanades J C. Determination of the Critical Product Layer Thickness in the Reaction of CaO with CO_2[J]. Industrial & Engineering Chemistry Research, 2005, 44, 5608-5615.

[97] Abanades J C, Alvarez D. Conversion Limits in the Reaction of CO_2 with Lime[J]. Energy Fuels, 2003, 17, 308-315.

[98] Blamey J, Anthony E J, Wang J, et al. The calcium looping cycle for large-

scale CO_2 capture[J].Progress in Energy and Combustion Science,2010, 36, 260-279.

[99] Lysikov A I , Salanov A N, Okunev A G. Change of CO_2 Carrying Capacity of CaO in Isothermal Recarbonation−Decomposition Cycles[J]. Industrial & Engineering Chemistry Research, 2007, 46, 4633-4638.

[100] Albrecht K O, Wagenbach K S, Satrio J A, et al. Development of a CaO-Based CO_2 Sorbent with Improved Cyclic Stability[J]. Industrial & Engineering Chemistry Research, 2008, 47, 7841-7848.

[101] Aihara M, Nagai T, Matsushita J, et al. Development of porous solid reactant for thermal-energy storage and temperature upgrade using carbonation/decarbonation reaction Appl. [J] Energy, 2001, 69, 225.

[102] Lu H, Reddy E P, Smirniotis P G. Calcium Oxide Based Sorbents for Capture of Carbon Dioxide at High Temperatures[J]. Industrial & Engineering Chemistry Research, 2006, 45, 3944.

[103] Durán-Muñoz F , Issis C. Ibarra R, et al. Analysis of the CO_2 chemisorption reaction mechanism in lithium oxosilicate (Li_8SiO_6): a new option for high-temperature CO_2 capture. [J] Journal of Materials Chemistry A, 2013, 1, 3919–3925.

[104] Pan Y, Zhang Y, Zhou T, et al. Fabrication of Lithium Silicates as Highly Efficient High-Temperature CO_2 Sorbents from SBA-15 Precursor. [J] Inorganic Chemistry, 2017, 56, 7821–7834.

[105] Nakagawat K, Ohashi T, A novel method ofCO_2 capture from high Temperature Gases [J]. Journal of The Electrochemical Society, 1998, 145, 1344.

[106] Ochoa-Fernandez E. Rusten H K, Jakobsen H A. et al. Sorption enhanced hydrogen production by steam methane reforming using Li_2ZrO_3 as sorbent: Sorption kinetics and reactor simulation. Catalysis Today, 2005, 106(1-4), 41-46.

[107] Pfeiffer H, Vazquez C, Lara V H, et al. Thermal Behavior and CO_2 Absorption of $Li_{2-x}Na_xZrO_3$ Solid Solutions [J] Chemistry of Materials, 2007, 19(4), 922-926.

[108] Nair B N, Yamaguchi T, Kawamura H, et al. Processing of Lithium Zirconate for Applications in Carbon Dioxide Separation: Structure and Properties of

the Powders [J] Journal of the American Ceramic Society, 2004, 87(1), 68-74.

[109] Ochoa-Fernandez E, Rønning M, Grande T, et.al. Nanocrystalline Lithium Zirconate with Improved Kinetics for High-Temperature CO_2 Capture [J] Chemistry of Materials, 2006, 18(6), 1383-1385.

[110] Bretado M E, Velderrain V G, Gutie´rrez D L, et al. Catalysis Today, 2005, 107, 863-867.

[111] Rodriguez M T, Pfeiffer H. Sodium metasilicate (Na_2SiO_3): A thermo-kinetic analysis of its CO_2 chemical sorption[J]. Thermochim. Acta, 2008, 473(1-2), 92-95.

[112] Palacios-Romero L M, Pfeiffer H, Lithium Cuprate (Li_2CuO_2): A New Possible Ceramic Material for CO_2 Chemisorption[J] Chemistry Letters, 2008, 37(8), 862-863.

[113] Kheshgi H, Coninck H, Kessels J. Carbon dioxide capture and storage: Seven years after the IPCC special report[J]. Mitigation and adaptation strategies for global change 17 (2012): 563-567.

[114] Powell C E, Qiao G G, Polymeric CO_2/N_2 gas separation membranes for the capture of carbon dioxide from power plant flue gases[J]. Journal of Membrane Science, 2006, 279 (1–2): 1–49.

[115] Stern S A, Mi Y, Yamamoto H, et al. Structure/permeability relationships of polyimide membranes. Applications to the separation of gas mixtures[J]. Journal of Polymer Science Part B: Polymer Physics, 1989, 27(9), 1887-1909.

[116] Lin H, Freeman B D. Gas solubility, diffusivity and permeability in poly (ethylene oxide)[J]. Journal of Membrane Science, 2004, 239(1), 105-117.

[117] Stern S A. Polymers for gas separations: the next decade[J]. Journal of Membrane Science, 1994, 94(1), 1-65.

[118] Illing G, Hellgardt K, Wakemana R J, et al. Preparation and characterisation of polyaniline based membranes for gas separation[J]. Journal of Membrane Science, 2001, 184(1), 69-78.

[119] Favre E, Svendsen H F. Membrane contactors for intensified post-combustion carbon dioxide capture by gas–liquid absorption processes[J]. Journal of

Membrane Science, 2012, 407, 1-7.

[120] Klaassen R, Feron P H M, Jensen A E. Membrane contactors in industrial applications[J]. Chemical Engineering Research and Design, 2005, 83(3), 234-246.

[121] Lingampalli S R, Ayyub M M, Rao C N R. Recent progress in the photocatalytic reduction of carbon dioxide[J]. ACS omega, 2017, 2(6): 2740-2748.

[122] Barber J, Tran P D. From natural to artificial photosynthesis[J]. Journal of The Royal Society Interface, 2013, 10(81): 20120984.

[123] Osterloh F E. Photocatalysis versus photosynthesis: a sensitivity analysis of devices for solar energy conversion and chemical transformations[J]. ACS Energy Letters, 2017, 2(2): 445-453.

[124] Ran J, Jaroniec M, Qiao S Z. Cocatalysts in semiconductor-based photocatalytic CO_2 reduction: achievements, challenges, and opportunities[J]. Advanced Materials, 2018, 30(7): 1704649.

[125] Tu W, Zhou Y, Zou Z. Photocatalytic conversion of CO_2 into renewable hydrocarbon fuels: state-of-the-art accomplishment, challenges, and prospects[J]. Advanced Materials, 2014, 26(27): 4607-4626.

[126] Yu S, Wilson A J, Kumari G, et al. Opportunities and challenges of solar-energy-driven carbon dioxide to fuel conversion with plasmonic catalysts[J]. ACS Energy Letters, 2017, 2(9): 2058-2070.

[127] Zhang W, Hu Y, Ma L, et al. Progress and perspective of electrocatalytic CO_2 reduction for renewable carbonaceous fuels and chemicals[J]. Advanced Science, 2018, 5(1): 1700275.

[128] Francke R, Schille B, Roemelt M. Homogeneously catalyzed electroreduction of carbon dioxide-methods, mechanisms, and catalysts[J]. Chemical Reviews, 2018, 118(9): 4631-4701.

[129] Dry M E. The fischer-tropsch process: 1950-2000[J]. Catalysis Today, 2002, 71(3-4): 227-241.

[130] Wang W, Wang S, Ma X, et al. Recent advances in catalytic hydrogenation of carbon dioxide[J]. Chemical Society Reviews, 2011, 40(7): 3703-3727.

[131] Centi G, Perathoner S. Opportunities and prospects in the chemical

recycling of carbon dioxide to fuels[J]. Catalysis Today, 2009, 148(3-4): 191-205.

[132] Dorner R W, Hardy D R, Williams F W, et al. Heterogeneous catalytic CO_2 conversion to value-added hydrocarbons[J]. Energy & Environmental Science, 2010, 3(7): 884-890.

[133] Zhang Y, Jacobs G, Sparks D E, et al. CO and CO_2 hydrogenation study on supported cobalt Fischer-Tropsch synthesis catalysts[J]. Catalysis Today, 2002, 71(3-4): 411-418.

[134] Li T, Yang Y, Zhang C, et al. Effect of manganese on an iron-based Fischer-Tropsch synthesis catalyst prepared from ferrous sulfate[J]. Fuel, 2007, 86(7-8): 921-928.

[135] Herranz T, Rojas S, Pérez-Alonso F J, et al. Hydrogenation of carbon oxides over promoted Fe-Mn catalysts prepared by the microemulsion methodology[J]. Applied Catalysis A: General, 2006, 311: 66-75.

[136] Dorner R W, Hardy D R, Williams F W, et al. K and Mn doped iron-based CO_2 hydrogenation catalysts: Detection of $KAlH_4$ as part of the catalyst's active phase[J]. Applied Catalysis A: General, 2010, 373(1-2): 112-121.

[137] Dorner R W, Hardy D R, Williams F W, et al. Influence of gas feed composition and pressure on the catalytic conversion of CO_2 to hydrocarbons using a traditional Cobalt-based Fischer-Tropsch catalyst[J]. Energy & Fuels, 2009, 23(8): 4190-4195.

[138] Graves C, Ebbesen S D, Mogensen M, et al. Sustainable hydrocarbon fuels by recycling CO_2 and H_2O with renewable or nuclear energy[J]. Renewable and Sustainable Energy Reviews, 2011, 15(1): 1-23.

[139] Xu S, Carter E A. Theoretical insights into heterogeneous (photo) electrochemical CO_2 reduction[J]. Chemical Reviews, 2018, 119(11): 6631-6669.

[140] Chang X, Wang T, Yang P, et al. The development of cocatalysts for photoelectrochemical CO_2 reduction[J]. Advanced Materials, 2019, 31(31): 1804710.

[141] Xie S, Zhang Q, Liu G, et al. Photocatalytic and photoelectrocatalytic reduction of CO_2 using heterogeneous catalysts with controlled nanostructures[J]. Chemical Communications, 2016, 52(1): 35-59.

[142] Zhang N, Long R, Gao C, et al. Recent progress on advanced design for photoelectrochemical reduction of CO_2 to fuels[J]. Science China Materials, 2018, 61(6): 771-805.

[143] Gu J, Wuttig A, Krizan J W, et al. Mg-doped $CuFeO_2$ photocathodes for photoelectrochemical reduction of carbon dioxide[J]. The Journal of Physical Chemistry C, 2013, 117(24): 12415-12422.

[144] Sagara N, Kamimura S, Tsubota T, et al. Photoelectrochemical CO_2 reduction by a p-type boron-doped g-C_3N_4 electrode under visible light [J]. Applied Catalysis B: Environmental, 2016, 192: 193-198.

[145] Jang Y J, Jang J W, Lee J, et al. Selective CO production by Au coupled ZnTe/ZnO in the photoelectrochemical CO_2 reduction system [J]. Energy & Environmental Science, 2015, 8(12): 3597-3604.

[146] Jang Y J, Jeong I, Lee J, et al. Unbiased sunlight-driven artificial photosynthesis of carbon monoxide from CO_2 using a ZnTe-based photocathode and a perovskite solar cell in tandem [J]. ACS Nano, 2016, 10(7): 6980-6987.

[147] Chang, X.X.Wang T, Gong J. CO_2 photo-reduction: insights into CO_2 activation and reaction on surfaces of photocatalysts[J]. Energy & Environmental Science, 2016, 9(7): 2177-2196.

[148] Kubacka A, Fernandez-Garcia M, Colon G. Advanced nanoarchitectures for solar photocatalytic applications[J]. Chemical Reviews, 2012, 112(3): 1555-1614.

第 3 章　CO_2光催化还原的基本原理

3.1　CO_2光催化还原的热力学与动力学分析

表3–1列出了多电子CO_2还原反应过程中的标准摩尔焓变ΔH^{θ}_{298}和标准吉布斯自由能变ΔG^{θ}_{298}[1]。由此表可知，CO_2还原过程中的焓变ΔH大于零，这说明这些反应通常是吸热的，并且在热力学上是不利于进行的。在这种情况下，如果没有足够的能量来活化CO_2分子，从热力学上来说很难将CO_2还原为低碳产物。如果以清洁的、取之不尽、用之不竭的太阳能作为能量来源，以清洁无污染的水作为还原剂，在高效催化剂存在的条件下将CO_2光催化还原成低碳燃料或者其他化学物质，那么这种CO_2光催化反应过程既能实现自然界中的碳平衡，又能遵循可持续发展的观念[2]。简言之，CO_2光催化还原将是一种简单而又有前景的研究方向。

表3–1　CO_2还原反应的标准摩尔焓变（ΔH^{θ}_{298}）和吉布斯自由能变（ΔG^{θ}_{298}）[1]

在水介质中CO_2还原反应	ΔG^{O}_{298} /（$kJ \cdot mol^{-1}$）	ΔG^{O}_{298} /（$kJ \cdot mol^{-1}$）
$H_2O(l) \rightarrow H_2(g) + 1/2O_2(g)$		237
$CO_2(g) \rightarrow CO(g) + 1/2O_2(g)$		257
$CO_2(g) + H_2O(l) \rightarrow HCOOH(l) + 1/2O_2(g)$	541	275
$CO_2(g) + H_2O(l) \rightarrow HCHO(l) + O_2(g)$	795.8	520
$CO_2(g) + H_2O(l) \rightarrow CH_3OH(l) + 3/2O_2(g)$	727.1	703
$CO_2(g) + H_2O(l) \rightarrow CH_4(g) + 2O_2(g)$	890.9	818

此外，CO_2还原反应的标准还原电势（$E^{\theta\prime}$）可以从热力学数据中获得。由于许多CO_2还原的研究是在接近中性pH的条件下进行的，因此表3–2中给出

的电势是以pH = 7且以标准氢电极（SHE）作为参考得到的[3]。

表3-2 水介质中CO_2和相关化合物还原的电化学氧化还原电位（pH=7）

反应	$E^{\theta'}$ vs SHE/V
$CO_2 + e^- \rightarrow CO_2^{\cdot -}$	−1.85
$CO_2(g) + H_2O(l) + 2e^- \rightarrow HCOO^-(aq) + OH^-(aq)$	−0.665
$CO_2(g) + H_2O(l) + 2e^- \rightarrow CO(g) + 2OH(aq)$	−0.521
$CO_2(g) + 3H_2O(l) + 4e^- \rightarrow HCOH(l) + 4OH^-(aq)$	−0.485
$CO_2(g) + 5H_2O(l) + 6e^- \rightarrow CH_3OH(l) + 6OH^-(aq)$	−0.399
$CO_2(g) + 6H_2O(l) + 8e^- \rightarrow CH_4(g) + 8OH^-(aq)$	−0.246
$2H_2O(l) + 2e^- \rightarrow H_2(g) + 2OH(aq)$	−0.414

尽管热力学数据表明仅需要中等程度的负电势即可还原CO_2（如表3-2所示），但大多数催化体系只有在更负的电势下才会发生CO_2还原反应。这通常归因于决速步骤，此步骤为CO_2得到一个电子还原为$CO_2^{\cdot -}$[4]。此外，半导体催化剂的导带变得越负，用于驱动CO_2还原反应的过电势会越大，从而使得还原反应的驱动力更大[5]。因此，有两种方法可以提高CO_2还原的活性和选择性。第一，通过使用具有更负导带的半导体来增加CO_2还原过程中的过电势。第二，通过使用助催化剂降低热力学能垒，并用多电子还原途径取代单电子过程。

对于CO_2光催化还原反应的动力学来说，一般主要依赖于三个连续的反应过程：光的捕集、电荷分离/转移和表面反应[1]，如图3-1所示。以粉末状光催化剂为例，CO_2光催化还原反应的主要过程可以分为以下几部分：①半导体吸收光后被激发；②光生电子-空穴对的生成及其向半导体表面的迁移；③光生电子-空穴对在催化剂内部和表面发生重组；④助催化剂捕获光生电子并在其表面发生H^+还原和CO_2还原反应；⑤水作为牺牲试剂捕获光生空穴并被氧化为O_2；⑥CO_2还原产物得到空穴被重新氧化为CO_2或其他物质。显然，载流子重组和H^+还原等不利的过程可能会大大降低CO_2光还原的量子效率。

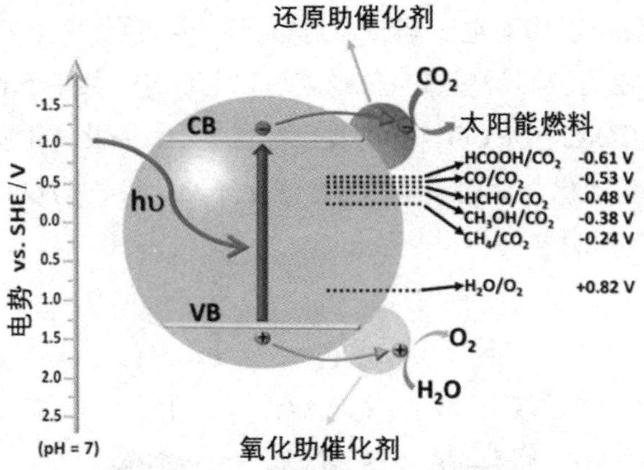

图3-1 CO_2光催化还原过程示意图

3.2 CO_2分子在催化剂表面的吸附与活化

除了热力学和动力学以外，CO_2在催化剂表面的吸附和活化对CO_2光催化还原也起着关键作用，因此增加CO_2在催化剂表面活性部位上的局部浓度，对于随后的催化还原反应具有重要的意义[6]。为了提高CO_2在催化剂中的吸附量，科研工作者已经探索了各种策略，例如增加催化剂内表面或外表面的暴露（或表面积的增大）、碱性位点的增强和传质性能的改善[7]。其中，最简单的策略是通过使用模板法来制备介孔单金属/多金属的半导体[8-9]。为了有效地平衡大的比表面积和良好的传质特性，需要催化剂具有合适的介孔（10 ~ 50 nm）或大孔（> 50 nm）纳米结构[7]。为了提高酸性CO_2气体在介孔或层状半导体中的吸附，可以将碱性有机或无机改性剂选择性地负载到多孔结构中，以引入碱性的吸附位点[10]。由于CO_2分子与含胺的基团存在强相互作用，因此催化剂可以大大增强CO_2的吸附。

通常，CO_2在表面活性位点上的吸附与活化过程中存在三种相互作用，即氧原子/表面路易斯酸中心［图3-2（a）（b）］和碳原子/表面路易斯碱中心［图3-2（c）］的单配位以及混合配位［图3-2（d）（e）］[11]。以TiO_2为例，吸附的CO_2可以被TiO_2上的Ti^{3+}缺陷还原为弯曲的$CO_2^{\cdot-}$自由基，然后其重新排列到Ti^{4+}的位点以作为电子陷阱态进行下一步还原[12]。DFT计算和实验验证了TiO_2上存在的表面桥接氧空位缺陷可以与CO_2中氧原子表现出强的相互作用，从而导致CO_2分解成CO，并恢复氧空位[13]。因此，催化剂中的缺陷有助于CO_2的吸附和活化，从而改善CO_2光催化还原活性，为设计和合成新型高效的CO_2光催化还原材料提供科学依据。

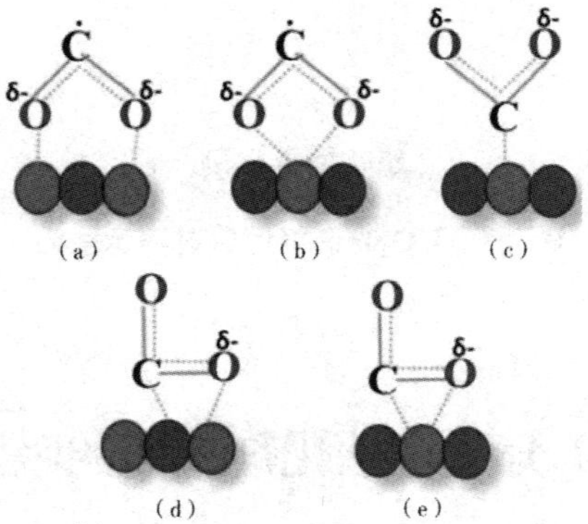

图3-2　在催化剂上CO_2接受电子以后变成CO_2^-自由基

3.3　CO_2光催化还原的产物

CO_2是一种非常稳定的（直链）分子，在还原反应进行之前需要活化。在光催化过程中，CO_2通过吸附到催化剂表面上的富电子缺陷位点而被活化，其中直链的CO_2分子被转化为其弯曲变体，即$CO_2^{\delta-}$[14]。这是一种可能的CO_2活化机制。另一种可能的机制是CO_2从半导体中的光激发电子空穴中心获得电子。上述两种机制可以共存，因此可以同时发生。然而，活化分子$CO_2^{\delta-}$需要在-1.85 V（相对于NHE）氧化还原电位下发生，如此高的还原电势表明该步骤的进行是非常困难的[15]。

另一种更有利的途径是通过质子辅助的多电子转移来还原CO_2，以绕过$CO_2^{\delta-}$的形成。如果多个电子和质子同时成对地转移到CO_2，则CO_2还原的热力学势逐渐减小。[15] 根据转移的电子和质子数，CO_2可分别还原为CO、HCHO、CH_3OH、CH_4、C_2H_4、C_2H_5OH、C_2H_6和C_3H_7OH等（如表3-3所列）。

表3-3　CO_2还原反应的主要产物、反应和势能[16]

反应	E°_{redox}ᵃ（V vs. NHE）
$H_2O \rightarrow 0.5O_2+2H^++2e^-$	0.82
$CO_2+8e^-+8H^+ \rightarrow CH_4+2H_2O$	−0.24
$2CO_2+14H^++14e^- \rightarrow C_2H_6+4H_2O$	−0.27
$CO_2+2H^++2e^- \rightarrow CO+H_2O$	−0.51
$CO_2+6H^++6e^- \rightarrow CH_3OH+H_2O$	−0.39
$2CO_2+12H^++12e^- \rightarrow C_2H_5OH+3H_2O$	−0.33
$3CO_2+18H^++18e^- \rightarrow CH_3CH_2CH_2OH+5H_2O$	−0.31
$3CO_2+18H^++18e^- \rightarrow CH_3CH(OH)CH_3+5H_2O$	−0.30
$CO_2+4H^++6e^- \rightarrow HCHO+H_2O$	−0.55
$2CO_2+10H^++10e^- \rightarrow CH_3CHO+3H_2O$	−0.36
$3CO_2+16H^++16e^- \rightarrow CH_3CH_2CHO+5H_2O$	−0.32
$3CO_2+16H^++16e^- \rightarrow CH_3COCH_3+5H_2O$	−0.31
$CO_2+2H^++2e^- \rightarrow HCOOH$	−0.58
$2CO_2+8H^++8e^- \rightarrow CH_3COOH+2H_2O$	−0.31

3.4　CO_2光催化还原的机理

由于CO_2光催化过程中存在多电子动力学，因此复杂的多步反应机理和多种产物分布使催化还原反应极具挑战性。1979年，Inoue等人[17]首先提出了最简单的反应途径：两电子–两质子甲醛途径。这种机理很好地解释了在半导体水浊液中CO_2光催化还原或光电催化还原所得到的甲酸、甲醛、甲醇和甲烷等产物。1984年，Anpo等人[18]证明可以通过电子自旋共振（ESR）光谱直接检测到作为关键的中间态反应物$CH_3^{\cdot}$、$C^{\cdot}$、$H^{\cdot}$和Ti^{3+}。基于以上的研究，在1995年科研工作者提出了卡宾路径[19]。此外，Subrahmanyam课题组[20]于1999年提出了一种单电子-单质子甲醛反应路径用于解释CO_2光还原。最近，Yang等人[21]发现甲醛浓度的增加可以显著提高碳氢化合物的产生速率，这表明甲醛和CO在CO_2光催化还原为碳氢化合物时具有重要作用；同时，通过ESR光谱也证明了从甲醇到甲烷的反应路径是不可能实现的。相比之下，涉及逐步单电子反应的卡宾途径已通过ESR光谱和动力学方程进行了验证，且被广泛用于CO_2光还原反应的解释[22]。

最近，甲酸、甲醛和甲醇在TiO_2上进行氧化还原反应后未观察到这些吸附物的单电子还原中间物，因此，Shkrob等人提出了新的乙二醛循环路径[23]。另外，科研工作者还提出了双电子-双质子的类烯醇中间体的反应路径，这可以很好地解释在金属铜表面上CO_2电还原过程中所有单碳和多碳产物的反应过程，特别是对于乙烯[24]。由于缺乏有效的动力学实验技术以及反应物过渡态的超短寿命，CO_2反应机理的研究仍处于初级探索阶段。

3.5 本章小结

众所周知，CO_2光催化还原是一种潜在的降低大气中CO_2浓度的有效策略之一。本章从热力学和动力学入手，详细分析了CO_2分子在催化剂表面的吸附和活化。一般CO_2光催化还原可分为内部和外部机制。内部过程是指发生在催化剂内部的过程，包括光捕获和光生电荷载体的产生、重组和迁移。外部反应包括反应物在表面的吸附、表面反应和催化产物的脱附。而后介绍了催化还原的一般产物。最后简单说明目前已经报道的比较典型的催化机理。

参 考 文 献

[1] Ran J, Jaroniec M, Qiao S Z. Cocatalysts in semiconductor-based photocatalytic CO_2 reduction: achievements, challenges, and opportunities[J]. Advanced Materials, 2018, 30(7): 1704649.

[2] Zhang P, Lou X W. Design of heterostructured hollow photocatalysts for solar-to-chemical energy conversion[J]. Advanced Materials, 2019, 31(29): 1900281.

[3] White J L, Baruch M F, Pander III J E, et al. Light-driven heterogeneous reduction of carbon dioxide: photocatalysts and photoelectrodes[J]. Chemical Reviews, 2015, 115(23): 12888-12935.

[4] Lingampalli S R, Ayyub M M, Rao C N R. Recent progress in the photocatalytic reduction of carbon dioxide[J]. ACS Omega, 2017, 2(6): 2740-2748.

[5] Dalle K E, Warnan J, Leung J J, et al. Electro-and solar-driven fuel synthesis with first row transition metal complexes[J]. Chemical Reviews, 2019, 119(4): 2752-2875.

[6] Liu M, Pang Y, Zhang B, et al. Enhanced electrocatalytic CO_2 reduction via field-induced reagent concentration[J]. Nature, 2016, 537(7620): 382-386.

[7] Yu C H, Huang C H, Tan C S. A review of CO_2 capture by absorption and adsorption[J]. Aerosol and Air Quality Research, 2012, 12(5): 745-769.

[8] Suzuki T M, Nakamura T, Saeki S, et al. Visible light-sensitive mesoporous N-doped Ta_2O_5 spheres: synthesis and photocatalytic activity for hydrogen evolution and CO_2 reduction[J]. Journal of Materials Chemistry, 2012, 22(47): 24584-24590.

[9] Yan S, Yu H, Wang N, et al. Efficient conversion of CO_2 and H_2O into hydrocarbon fuel over $ZnAl_2O_4$-modified mesoporous ZnGaNO under visible light irradiation[J]. Chemical Communications, 2012, 48(7): 1048-1050.

[10] Liu S, Xia J, Yu J. Amine-functionalized titanate nanosheet-assembled yolk@shell microspheres for efficient cocatalyst-free visible-light photocatalytic

CO_2 reduction[J]. ACS Applied Materials & Interfaces, 2015, 7(15): 8166-8175.

[11] Li X, Yu J, Jaroniec M, et al. Cocatalysts for selective photoreduction of CO_2 into solar fuels[J]. Chemical Reviews, 2019, 119(6): 3962-4179.

[12] Yang C T, Wood B C, Bhethanabotla V R, et al. CO_2 adsorption on anatase TiO_2 (101) surfaces in the presence of subnanometer Ag/Pt clusters: implications for CO_2 photoreduction[J]. The Journal of Physical Chemistry C, 2014, 118(45): 26236-26248.

[13] Lee J, Sorescu D C, Deng X. Electron-induced dissociation of CO_2 on TiO_2 (110)[J]. Journal of the American Chemical Society, 2011, 133(26): 10066-10069.

[14] Kar P, Farsinezhad S, Mahdi N, et al. Enhanced CH_4 yield by photocatalytic CO_2 reduction using TiO_2 nanotube arrays grafted with Au, Ru, and ZnPd nanoparticles[J]. Nano Research 2016, 9 (11), 3478-3493.

[15] Habisreutinger S N, Schmidt - Mende L, Stolarczyk J K. Photocatalytic reduction of CO_2 on TiO_2 and other semiconductors[J]. Angewandte Chemie International Edition 2013, 52 (29), 7372-7408.

[16] Hong J, Zhang W, Ren J, et al. Photocatalytic reduction of CO_2:a brief review on product analysis and systematic methods[J]. Analytical Methods 2013, 5 (5), 1086-1097.

[17] Inoue T, Fujishima A, Konishi S, et al. Photoelectrocatalytic reduction of carbon dioxide in aqueous suspensions of semiconductor powders[J]. Nature, 1979, 277(5698): 637-638.

[18] Anpo M, Aikawa N, Kodama S, et al. Photocatalytic hydrogenation of alkynes and alkenes with water over titanium dioxide. hydrogenation accompanied by bond fission[J]. The Journal of Physical Chemistry, 1984, 88(12): 2569-2572.

[19] Anpo M, Yamashita H, Ichihashi Y, et al. Photocatalytic reduction of CO_2 with H_2O on various titanium oxide catalysts[J]. Journal of Electroanalytical Chemistry, 1995, 396(1-2): 21-26.

[20] Subrahmanyam M, Kaneco S, Alonso-Vante N. A screening for the photo reduction of carbon dioxide supported on metal oxide catalysts for C1-C3 selectivity[J]. Applied Catalysis B: Environmental, 1999, 23(2-3): 169-174.

[21] Yang C C, Vernimmen J, Meynen V, et al. Mechanistic study of hydrocarbon formation in photocatalytic CO_2 reduction over Ti-SBA-15[J]. Journal of Catalysis, 2011, 284(1): 1-8.

[22] Wang S, Wang X. Imidazolium ionic liquids, imidazolylidene heterocyclic carbenes, and zeolitic imidazolate frameworks for CO_2 capture and photochemical reduction[J]. Angewandte Chemie International Edition, 2016, 55(7): 2308-2320.

[23] Shkrob I A, Marin T W, He H, et al. Photoredox reactions and the catalytic cycle for carbon dioxide fixation and methanogenesis on metal oxides[J]. The Journal of Physical Chemistry C, 2012, 116(17): 9450-9460.

[24] Kuhl K P, Cave E R, Abram D N, et al. New insights into the electrochemical reduction of carbon dioxide on metallic copper surfaces[J]. Energy & Environmental Science, 2012, 5(5): 7050-7059.

第4章 硫族半导体用于光催化CO_2还原

根据催化剂在反应体系中的状态，可以将其分为均相催化剂和异相催化剂。均相光催化剂可以均匀分散于反应体系，这使溶解在体系中的CO_2更容易进入催化剂的活性位点，所以均相催化剂的催化效率较高。但是，均相催化剂也面临很多挑战，比如①很多均相催化剂是基于昂贵的金属制备的，这无形之中提高了催化还原反应的成本；②均相催化剂需要温和的反应环境，其稳定性有待进一步的提高；③均相反应中还原产物较难分离出来；④均相催化剂一般没有办法回收再利用，如果大规模将其用于催化反应会造成资源浪费。与均相催化剂相比，异相催化剂优点较多，比如①在反应体系中处于悬浮状态，容易被分离并回收；②可以是金属或者非金属的催化剂，种类繁多；③稳定性较好等。本书主要介绍几种典型的异相催化剂，即硫族半导体、金属有机框架、卤素钙钛矿纳米晶体和金属纳米簇。

4.1 硫族半导体的简介

众所周知，很多硫族半导体的带隙比TiO_2（3.2 eV）要窄，它们的导带电势比TiO_2锐钛矿的也更负，因此，科研工作者广泛研究了将硫族半导体作为光催化剂用于CO_2还原[1-4]。

硫化物半导体因其独特的性能而受到广泛的关注。与氧化物相比，硫化物的价带上移，主要由3s 3p轨道组成，硫化物的导带位置比氧化物导带位置更高，所以和氧化物相比，硫化物还原电子能力更强[5]。所以，光催化剂种类里含有大量的硫族半导体催化剂。而且，许多硫化物具有窄带隙，对可见光有响应，光吸收范围较大，光利用率高的优点。例如常见的硫化物光催化剂：ZnS、CdS、Bi_2S_3。特别的是金属硫化物还具有实现强电荷分离和增加活性位点的独特性能，且通过元素掺杂、引入助催化剂、构建异质结等方式增强金属硫化物的催化性能。所以，其在光催化方面的应用前景非常广阔。

4.2　硫族半导体的分类

根据元素的准确位置、相应的外层电子构型以及金属硫化物的性质进行分类。其中，由硫和一个或多个金属阳离子组成的金属硫化物按元素组成可以分为二元金属硫化物（ZnS、CdS、SnS_2）、三元金属硫化物（$ZnIn_2S_4$、$CuIn_5S_8$）和多元金属硫化物（Cu_2ZnSnS_4）。根据半导体特性及元素位置可以将半导体分为Ⅱ-Ⅵ族化合物（Ⅵ族元素主要是S），本部分将主要从锌硫族、CdS基、MoS_2基、Bi_2S_3基、SnS_2基来介绍硫族半导体在光催化CO_2还原的进展。

4.3　提高光催化CO_2活性的改性方法

单一的硫族半导体材料的光催化效率较低，主要原因是光生电子和空穴的快速重组，以及单一催化剂不能同时实现广泛的光吸收和足够的氧化还原能力。因此，根据光收集、电荷分离和表面反应这三大光催化过程将调节光催化性能的各种策略归纳为：异质结的构建、助催化剂负载、元素掺杂、缺陷工程等，如图4-1所示。

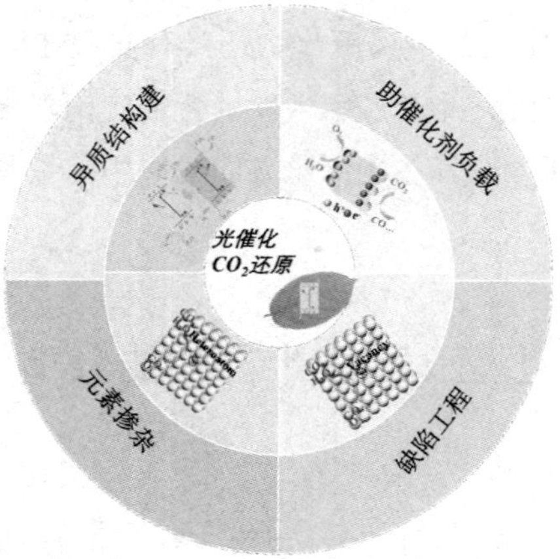

图4-1　增强光催化CO_2还原的策略

4.3.1　异质结构建

异质结光催化剂的结构具有多样性，最常见的有三种，分别为Ⅱ型[6]，Z型[7]以及S型异质结[8]。Ⅱ型和Z型异质结均是由光催化剂I和光催化剂II组成。图4-2（a）为Ⅱ型异质结交错带隙型，在该结构中，左边半导体的导带（CB）能级低于右边的CB能级，其价带（VB）也低于右侧半导体的VB。电子的传输从右边高CB转移到左边低CB上，而空穴则由左边低VB转移到右边半导体的VB上，形成光生电子和空穴的分离。

Z型异质结包括传统Z型、全固态Z型及直接Z型异质结三种。图4-2（b）所示为传统Z型异质结，它是通过受体/供体对（A/D对）的参与来实现电子的转移，A/D对之间的转换通过电子的得失来完成。受体A接受来自光催化剂Ⅱ（PSⅡ）的CB的电子并被还原成D，D接受来自光催化剂Ⅰ（PSⅠ）的VB的空穴并被氧化成A。其中，A也可以接受来自PSⅠ的CB的电子，而D接收PSⅡ的VB中的空穴。与传统Z型异质结相比，无A/D对的全固态Z型光催化体系近年来受到广泛关注。一般采用合适的导体作为电子介体来构建，如图4-2（c）所示，光激发后，PSⅡ导带上的电子通过导体传输至PSⅠ的价带，二者发生复合，使得PSⅡ和PSⅠ的空穴和电子得以保留，进一步与相应的物质发生氧化/还原反应。

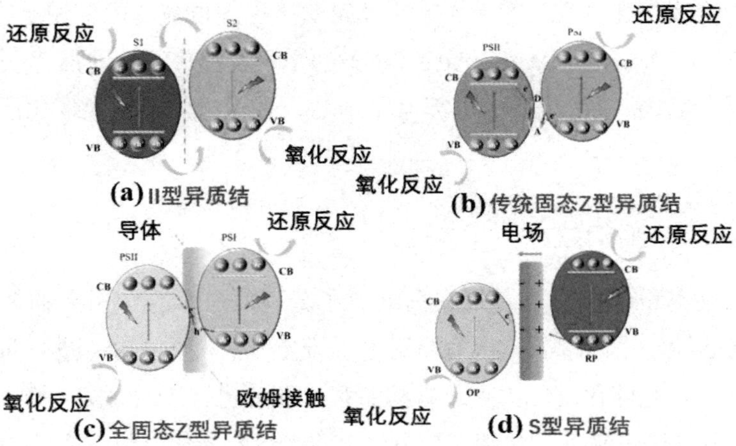

图4–2　光诱导电荷转移路径的异质结

如图4–2（d）所示，S型异质结将光催化剂分为氧化型催化剂（OP）和还原型催化剂（RP）。OP的CB、VB位置较低费米能级较小，RP的CB、VB位置较高费米能级较大。当两种半导体发生接触时，RP的电子自发扩散到OP，分别在RP和OP中的界面附近产生电子耗尽层和电子积累层，OP和RP带相反电荷，形成从RP指向OP的内部电场，促进能带弯曲，直到费米能级平衡。使OP的CB上的光生电子和RP的VB的空穴在界面区域处重新结合。

构建异质结使得催化剂在光催化CO_2还原中具有更优异的性能，一方面通过调节催化剂的能带结构，进而优化光催化剂的光吸收能力和光生电子–空穴对的分离效率，另一方面合适的异质结构可以优化催化剂表面的吸附性能和反应活性位点的稳定性，推动光催化技术在碳循环和可持续能源领域的应用。

4.3.2　元素掺杂和助催化剂负载

元素掺杂是通过将外来原子置于晶格位置或替代晶格中的原子来实现的，从而扩大光吸收范围。常见的元素掺杂有磷（P）、碳（C）、硼（B）、铜（Cu）、钴（Co）、铬（Cr）等。例如，P和C共掺杂到CN的聚合物结构中调节电子结构，扩大了光吸收范围，促进了CO_2吸附，并且加速了电荷分离和转移[9]。Cu掺杂使得CdS的d带中心上移到费米能级附近，促进了CO_2在CdS

上的吸附和活化[10]。掺杂Co的CdS复合物中形成了杂质能级，改善对可见光的吸收，提高催化性能[11]。同样，金属助催化剂也被广泛应用于光催化CO_2还原性能，特别是Au、Cu、Ag、Fe等金属。例如：Fe基助催化剂改性后的SiC光催化剂，获得优化后的局部电子结构，表现出优异的光催化活性和选择性[12]。

4.3.3 缺陷构建

光催化剂的缺陷工程可以提高载流子分离效率，其中引入的缺陷可以用作捕获光激发电子的中心，从而抑制电子与光生空穴的复合，进一步提高催化效率。目前在光催化反应中关于缺陷工程的研究已经十分成熟。例如，Bao等人[13]采用水热法制备了含硫空位的Cr掺杂ZnS光催化材料，实验验证和理论证明空位S和Cr掺杂的协同作用使ZnS光吸收范围从紫外区拓展到可见光区，加速了电荷分离和转移，加快了反应动力学，使得催化剂光催化活性提高。Fang等人[5]成功构建了具有两个缺陷（Cl/Br取代、氧空位）的BIOClBr—OV，在可见光的照射下，双缺陷表现出协同增强效应和出色的电子存储容量，导致光催化活性增强。目前可以通过高温处理、离子注入、空位、掺杂等方法来构建缺陷。

基于上述改性方法，科研工作者做出较多的优异成果来提高光催化性能。接下来，通过组成划分对硫族半导体在光催化CO_2还原的研究进展进行概述。

4.4 硫族半导体在光催化CO_2还原中的研究进展

4.4.1 锌硫族化合物

ZnS是一种常见的用于光催化CO_2还原和H_2O分解的硫化物半导体。ZnS一般以纤锌矿相和闪锌矿相结晶形式存在。与氧化物相比，它易于制备，无毒且价格便宜[14]。如图4-3（a）所示，在大多数光催化剂中，ZnS表现出相对负的导带，这使得它在光催化反应中具有很强的还原性[15]。此外，与磷化物和硒化物光催化剂相比，它还具有更好的光稳定性。这些特性使其成为光催化CO_2还原的优良材料。立方ZnS虽然具有强还原电势，但纯立方ZnS通常显示出较差的CO_2还原反应活性和高的析氢活性[16]。且由于其较宽的带隙，同样限制了其在太阳光照下光催化CO_2还原的应用。随后，研究者们通过引入助催化剂[17]、单原子掺杂[18]、构建异质结[19]、微观结构调整（调整颗粒形态、大小以及晶面工程）[20]和形成多元硫锌化物[21]等方法来提高ZnS材料对CO_2还原的选择性。

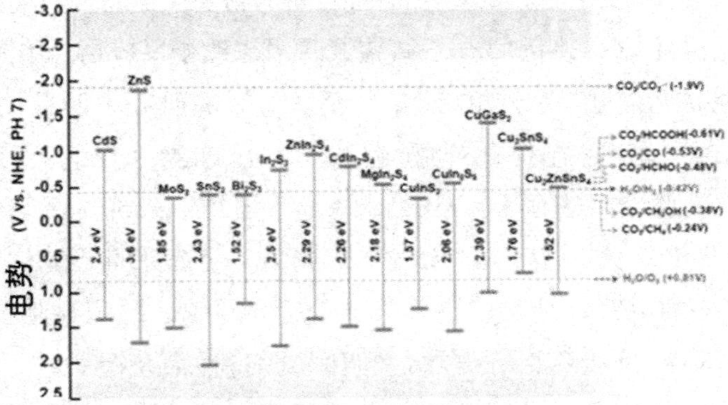

(a) 金属硫化物半导体的能带位置

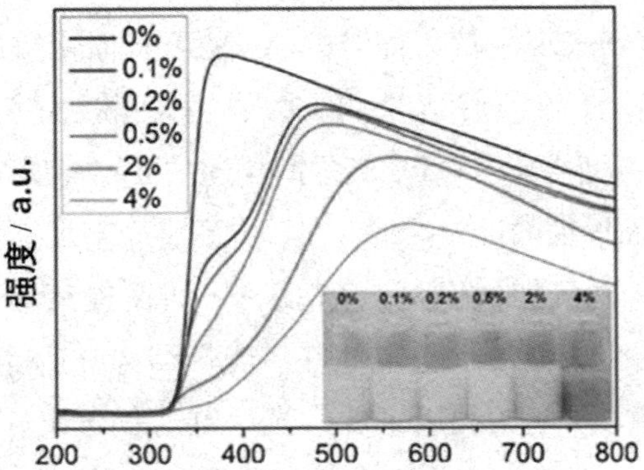

(b) 反应后的光催化剂的紫外-可见反射光谱

图4-3　金属硫化物半导体的能带位置及反应的光催化剂的紫外-可见反射光谱

金属的引入可以降低纤锌矿ZnS的带隙值，扩大光响应范围，这在理论和实验上都得到了验证[18]。Pang等人[14]成功构建了镍（Ni）掺杂的胶体ZnS纳米晶体，将其用于CO_2光催化。结果表明其在340 nm和420 nm处分别获得了59.1%和5.6%的表观量子产率。这证实了可见光吸收的增强和丰富的硫空位有助于提高光催化CO_2还原性能。Meng等人[18]在全无机水反应介质中采用Cu和Cd两种金属元素分别作为ZnS纳米晶的掺杂剂和助催化剂进行选择性CO_2还原。如图4-3（b）所示，Cu^+掺杂将ZnS的光吸收范围扩展到可见光区，同时基于Cd^{2+}助催化剂表面修饰的作用显著提高了CO_2还原活性，使得甲酸选择性达到99%。

单原子以其高原子利用率、独特的电子和配位结构表现出独特的催化性能，被认为是均相催化和多相催化之间的桥梁[22]。单个金属原子具有不饱和的配位环境和独特的电子结构，这可以改变反应物、中间体和产物的吸附/脱附模式和强度[23]。2022年，Si等人[24]的研究表明采用络合物交换策略将单Au原子锚定在具有S空位的超薄$ZnIn_2S_4$纳米片上，形成Au_1-S_2低配位结构。实验结果表明Au_1/ZIS纳米片显示出275 μmol/（g·h）的CH_4产率和77%的选择性，大大优于AuNPs/ZIS对应物。表征证明低配位单Au位点更容易抑制*CO的解吸，使其进一步质子化生成CH_4，并明显降低CO_2还原的能垒。纳米颗粒因其具有特殊的化学和光学特性而备受关注，比如：巨大的表面积、尺寸效应和可调控的光学性质等。Ma等人[19]通过水热法和光沉积法合成了一种Pt纳米颗粒修饰的中空结构ZnO/ZnS多相光催化剂，催化结果表明该多相光催化剂表现出持久优异的CO_2还原光催化活性和近乎100%的CO选择性。一方面由于光在空腔结构中的多次反射和散射增强了中空受限空间的光捕获能力，另一方面由于ZnO和ZnS之间构建的Ⅱ型异质结以及修饰Pt纳米颗粒后在中空结构表面增加的反应活性位点，提高了光生载流子的分离效率。

异质结结构可以显著加快电荷分离效率，从而提高催化性能。三元金属硫化物$ZnIn_2S_4$因其合成简单、稳定性好、能带结构合适等突出优点而受到广泛关注。然而，对太阳能的利用率低、光生电荷复合快、氧化还原能力差等缺点仍然是阻碍其光催化效率提高的主要原因。Li等人[25]的研究采用原位生长方法制备了$ZnIn_2S_4$纳米片改性六方g-C_3N_4纳米管（ZIS/HCNT）复合材料。如图4-4（a）、4-4（c）、4-4（d）和4-4（e）所示，通过合理构造大接触面积和强界面相互作用，在ZIS/HCNT上建立了一种有效S型异质结，显著提高了CO_2催化转化为CO的效率并且有较高的CO选择性。Song等人[26]通过原位合成法将MOF-808和$ZnIn_2S_4$构建成异质结复合催化剂。研究者们先合成了不同尺寸的$ZnIn_2S_4$微球，然后研究了$ZnIn_2S_4$微球尺寸对催化性能的影响。而后将MOF–808以不同比例负载在$ZnIn_2S_4$花球表面，发现ZM6–15%具有最高的光催化活性。如图4–4（b）和4–4（f）所示，表征结合理论研究证明了MOF–808存在向$ZnIn_2S_4$光生电子转移，两种物质电子转移符合S型异质结的机制，加速电子转移，缩短了电荷转移路径，进而增强了光催化性能。Song等人[27]通过水热法成功地构建了$Ni_2P/ZnIn_2S_4$界面异质结构，并且其表现出优异的CO_2光还原性能。结果实验证实通过引入Ni_2P，$ZnIn_2S_4$晶面由通常暴露的（102）面转变为（101）面，因此，$Ni_2P/ZnIn_2S_4$异质结构复合材料表现出比单一材料更高的CO_2光还原活性。

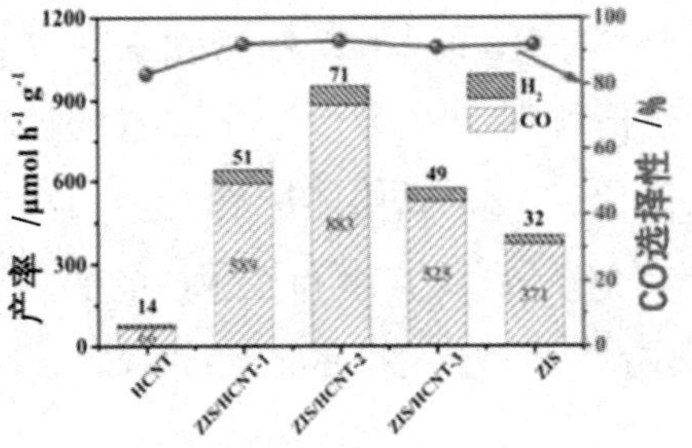

（a）光还原CO_2活性和CO选择性

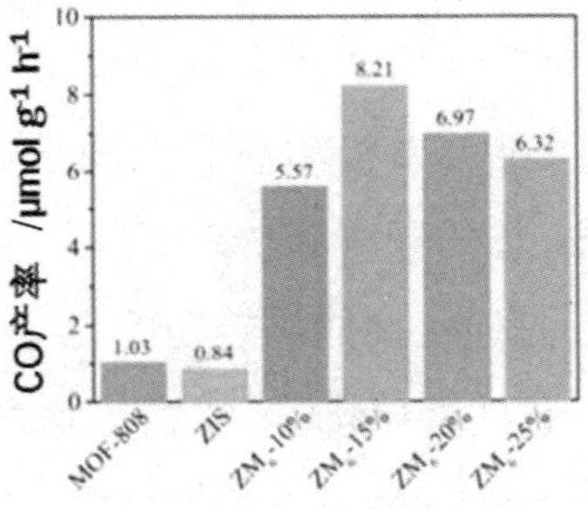

（b）$ZnIn_2S_4$/MOF-808的CO产率

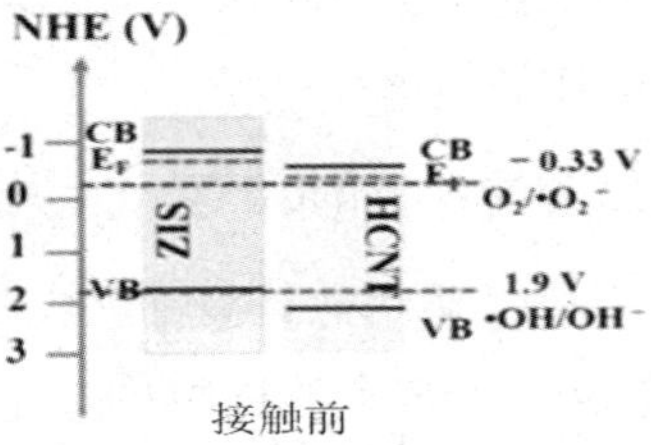

（c）HCNT和ZIS在接触前的能带转移

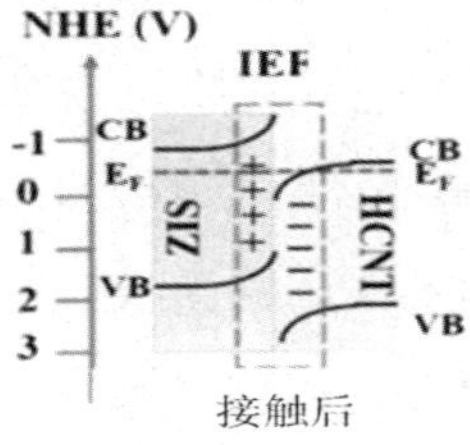

（d）HCNT和ZIS在接触后的能带转移

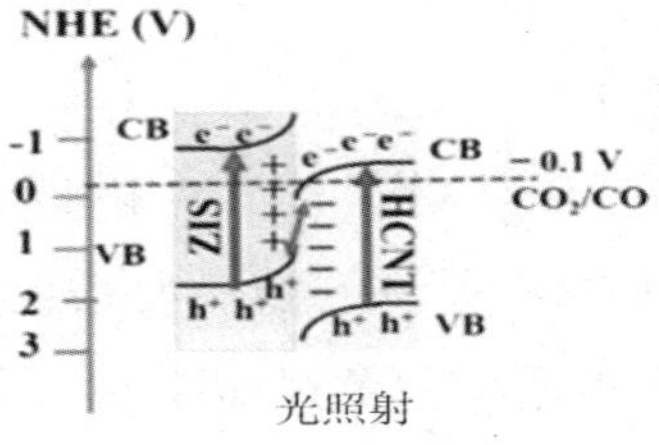

（e）光照下S型异质结机质

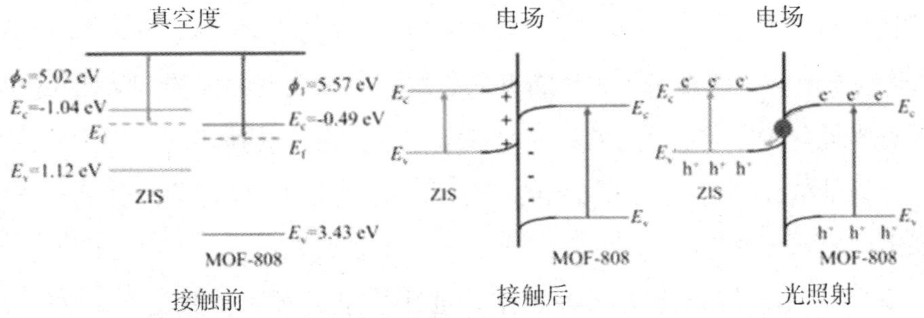

（f）接触前后电荷转移示意图

图4-4

4.4.2 CdS基化合物

CdS是Ⅱ－Ⅵ族中典型的半导体化合物，由于其具有合适的带隙、优异的氧化还原能力和良好的可见光响应等物理化学性能，被认为是一种优秀的半导体光催化剂[28]。CdS纳米晶体有多种合成方法，例如溶液法、模板法、无模板法、化学浴沉积法、声化学法等。根据CdS的形貌尺寸可以将其分为0维、1维、2维和3维四类，而且不同形貌尺寸的材料可能对催化剂的光催化性能产生不同的影响。CdS的晶体结构可分为两种不同的相，即立方闪锌矿和六方纤锌矿。通常来说，六方纤锌矿CdS表现出更好的光催化性能。此外，将六方相和立方相构建到一个光催化剂中，可以基于二者的协同作用促进电荷分离和传输，从而提高光催化过程的氧化还原能力。目前原始CdS的光催化性能仍然受到光生电子–空穴对的高复合率和光腐蚀的影响，单一的CdS纳米材料的CO_2转化效率受到限制[29]。接下来重点介绍提高CdS基纳米材料光催化效率的改性策略。

由于金属硫化物具有丰富的不饱和活性边缘位点，将金属硫化物缩小为量子点（QD）被认为是提高金属硫化物光致发光活性的有效策略之一[30]。关于0维CdS量子点，用吡啶镍（$[Ni(terpy)_2]^{2+}$）络合物锚定的CdS量子点可以以＞90%的选择性有效地将CO_2还原为CO[31]。更进一步说，Co和Fe是与Ni性质相似的过渡金属，所以可以将这些金属掺杂到CdS纳米材料中，通过多金属间的协同作用提高催化效率。但由于其自聚集和高表面能，制备高度分散和稳定的金属硫化物量子点仍然是一个巨大的挑战。所以将量子点植入到其他材料中是消除自聚集并获得减小粒径尺寸的有效策略之一。Wang等人[32]通过原位转化法制备了一种新型的三维有序大孔氮掺杂碳（NC）负载CdS量子点光催化剂，将其用于CO_2的光催化还原。由于其独特的结构优势，在不添加任何助催化剂或碱性添加剂的条件下，在光催化CO_2还原与胺氧化反应中表现出优异的催化性能。

众所周知，掺杂是优化半导体光催化性能的关键办法之一。氧化助催化剂（CoO_x、MnO_x、PbO_2等）倾向于捕获空穴，同时，助催化剂的存在有利于加速氧化还原过程的空间反应[33]。Xiang等人[34]采用溶剂热法和光沉积法制备了Cu/CdS/MnO_x异质结构光催化剂。这个复合催化剂利用了六方晶系CdS单晶具有不同的富电子和富空穴晶面，将还原助催化剂Cu纳米颗粒和氧化助催化剂MnO_x纳米颗粒沉积在不同晶面上，从而实现助催化剂的空间分离，有效地抑制电荷复合，从而得到显著的光催化性能。

Xu等人[35]将Ni–MOF用作骨架，通过表面包覆CdS纳米粒子，成功制备了具有紧密接触界面的CdS/Ni–MOF三维异质结构。三维分级结构和异质结构的共同作用大大提高了催化剂的光催化活性。Ni–MOF与CdS之间形成的异质结构加快了光生电子的迁移速率，避免了电子空穴对的复合。Wu等人[36]设计了Z型异质结光催化剂（图4–5），即在$CuGaS_2$界面上生长纳米晶CdS纳米晶。在可见光照射下，CdS/$CuGaS_2$杂化物在水溶液中光催化还原CO_2的活性和稳定性大大增强。研究表明，Z型异质结电荷转移过程在抑制$CuGaS_2$的光腐蚀和保持其高活性方面发挥了关键作用。

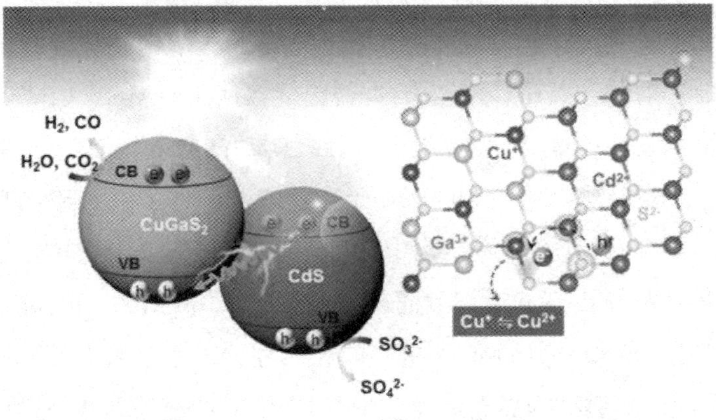

图4–5　可见光照射下电子转移机理

4.4.3　MoS_2基催化剂

二硫化钼（MoS_2）是一种重要的层状过渡金属二硫化物纳米片，因其高稳定性、价格低廉和巨大的电子传输能力，已成为构建用于CO_2光还原的多功能异质结催化剂的一类理想材料[37]。Mo和S原子的不同比例可以构成MoS_2多晶型化合物，包括三方（1T）、六方（2H）和菱形（3R）相。其中，因为金属1T相可以暴露边缘和基面催化活性位点，所以1T相MoS_2在许多领域表现出优异的性能[38]。Zhao等人[39]研究了利用水热法制备1T相α–Fe_2O_3/MoS_2复合p–n异质结催化剂，其可驱动CO_2光还原为CH_4和CH_3OH。

Yu等人[40]使用分级多孔缺陷UiO–66作为基底来负载MoS_2纳米片，以构建UiO–66/MoS_2光催化剂，其可以大大提高CO_2光还原为CH_3COOH的活性。Gao等人[41]采用水热合成法，在NH_2–MIL–68表面得到了均匀分散的1 T MoS_2纳米片，并构建了一系列异质结光催化剂，结果表明CH_4的产率可达12.56 mol/g，且具有较高的选择性。NH_2–MIL–68晶体可以吸收可见光并产生电子–空穴对，光激发的电子迅速转移到1T MoS_2表面，在MoS_2处捕获的丰富电子有足够的驱动力将CO_2还原为CH_4。Yang等人[42]通过多步合成法构建了共价结合的MoS_2@COF杂化复合材料，其中氨基修饰的MoS_2被COF包裹，并使其沿着氨基生长。MoS_2@COF复合物的结构有利于吸附CO_2的活化，促进吸附CO通过后续加氢和C–C偶联途径转化为C_2H_6产物。Singh等人[43]合成了几种MoS_2–Cu_2O异质结构，通过调节异质结构组分的电子和结构性质，提高了MoS_2–Cu_2O的光催化活性。其中，MoS_2的类型包括：使用p–MoS_2（p型导电性和较高的功函数）和n–MoS_2（n型导电性、较低的功函数）。而Cu_2O使用Cu_2O–c（立方形态，略低功函数）和Cu_2O–co（立方八面体形态，略高功函数）。如图4–6所示，在所有的异质结构中，基于p–MoS_2的复合材料显示出比基于n–MoS_2的复合材料更高的活性，而Z型异质结构（p–MoS_2–based）显示出比Ⅱ型异质结构（n–MoS_2–based）更高的光活性，这一结果表明异质结构组分的功函数在调节异质结构界面上光生电子–空穴对的电荷转移机制中起着重要作用。

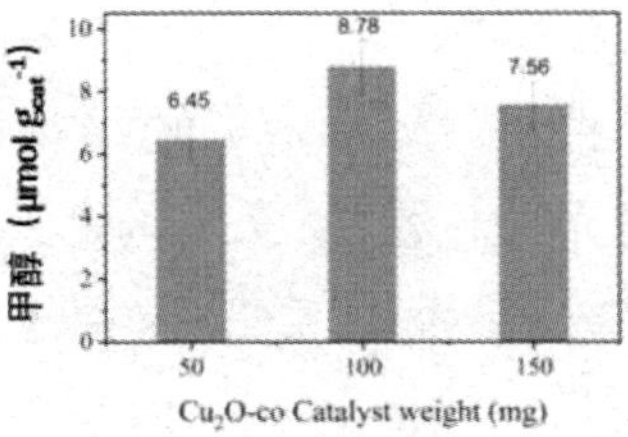

（a）4小时内分批模式下的甲醇产量不同Cu_2O-co催化剂负载量

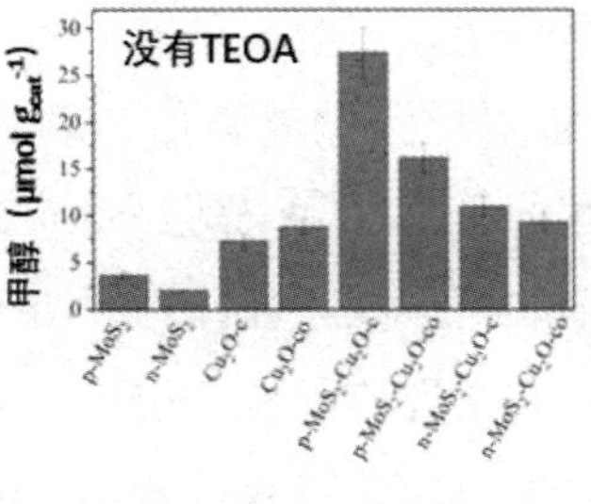

（b）在没有牺牲剂（TEOA）的情况下不同催化剂的催化性能

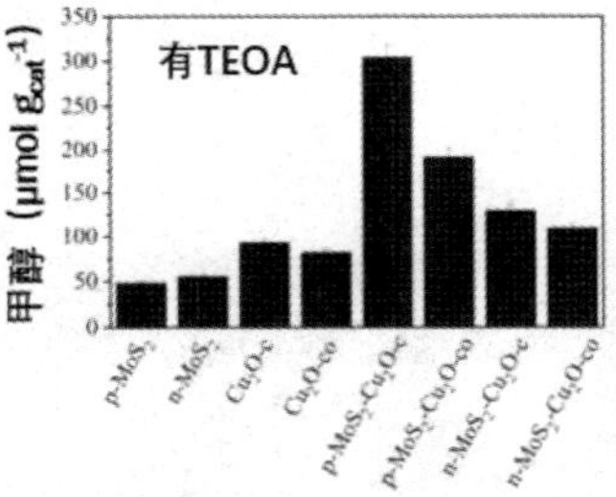

（c）在有牺牲剂（TEOA）的条件下不同催化剂的甲醇产量

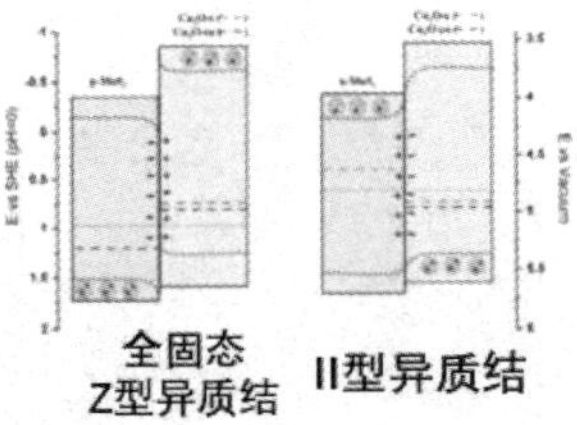

（d）性能最佳的异质结构光催化剂（即p-MoS_2-Cu_2O-C）稳定性的循环实验

图4-6　异质结构的光催化活性

4.4.4　Bi_2S_3基催化剂

硫化铋（Bi_2S_3）是一种重要的窄带隙半导体材料。Bi_2S_3晶体具有规则的层状结构，分子间具有各向异性，这使得其在CO_2还原中具有很强的活性和选择性。Bi_2S_3的导带轨道和价带轨道分别主要由Bi 6p轨道和S 3p轨道组成。因此，Bi_2S_3在存在各种Bi或S空位的情况下可以保持其结构的稳定性，在这种情况下带隙略有减小。此外，硒掺杂的Bi_2S_3由于在费米能级附近的分裂状态，带隙减小，激子结合能降低，光学吸收系数增加，电子迁移率增加[44]。但窄带隙也诱导了光生电子–空穴对的快速复合，对光催化反应有抑制作用。因此，Bi_2S_3 量子点的合成被证明是改善其光催化性能的有效方法之一。Guo等人[45]采用水热法合成了Bi_2S_3/g–C_3N_4复合材料，并将其用于CO_2光催化还原，其光催化活性明显高于纯g–C_3N_4。实验结果表明，质量分数为20%的Bi_2S_3量子点/g–C_3N_4具有显著的光催化活性，其CO产率是纯g–C_3N_4的4倍。表征表明Bi_2S_3量子点均匀地覆盖在催化剂表面，能有效地增加催化剂对可见光的吸收，促进光生载流子的分离，从而降低光生电子–空穴对的复合速率，提高光催化还原性能。

与其他半导体光催化剂类似，和另一种半导体形成异质结可以促进光生电子–空穴对的分离，从而提高Bi_2S_3的光催化性能。Shan等人[46]用基于密度泛函理论的第一性原理计算方法，研究了不同体系CuS和Bi_2S_3的界面性质、电子结构、光学性质和能带位移。如图4–7所示，在CuS/Bi_2S_3异质结构界面处，CuS的能带结构位置相对Bi_2S_3向下移动，形成Ⅱ型异质结构，这不仅可以改善CuS的光吸收范围，而且可以阻碍光生电子的复合，从而提高光催化性能。

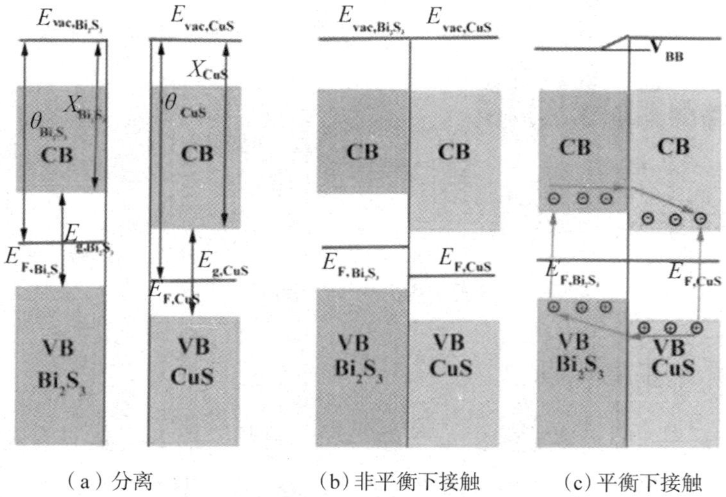

图4–7　CuS/Bi_2S_3异质结构的能带图

4.4.5　SnS_2基催化剂

SnS_2是一种典型的二维层状n型半导体材料，因为其具有窄带隙和合适的能带位置、良好的光电活性和高载流子迁移率等特点，使其自身能够驱动CO_2还原反应，因此是一种有前景的光催化材料[47]。Guo等人[48]探索了三种不同优势的缺陷态SnS_2纳米结构。通过将理论与实验相结合，证明了多元缺陷比孤立的S空位更有利于光催化反应。目前，阻碍催化剂活性不高的原因仍然是光激发电子–空穴对的快速复合。为了提高SnS_2在各种光催化应用中的性能，通过非金属掺杂等策略对SnS_2进行改性是有效的方法之一。

Zhu等人[49]研究了O和S掺杂g-C_3N_4/SnS_2异质结的几何结构、界面电子相互作用和光催化机理。实验结果表明O和S的掺杂使g-C_3N_4/SnS_2异质结具有更强的界面内置电场和更有效的电荷转移。

除了构建异质结以外，也可以将催化材料设计成独特的形貌来增强催化剂的光催化活性。基于SnS_2独特的形貌结构，可以将二维纳米片组装成三维多级花状结构。You等人[50]通过水热法合成了具有均匀尺寸分布的三维花状SnS_2/SnO_2复合材料，样品表征证明了该复合材料具有由纳米片和半导体结构组成的分层花状形貌，表现出优异的选择性和光催化CO_2还原性能，反应后的产物为CO。机理表明合成的复合催化剂具有Ⅱ型异质结构，在该结构上发生光激发电子和空穴的定向流动，使电子聚集在SnO_2的导带上，然后转移到吸附的CO_2分子和中间体中，从而实现了良好的催化过程。

Wu等人[51]的研究通过溶剂热反应在FTO衬底上构建了SnS-SnS_2异质结构直立纳米片框架。如图4-8所示，将CO_2和水转化为C_2（乙醛）和C_3（丙酮）碳氢化合物，且不生成H_2。直立的非晶态SnS-纳米晶SnS_2异质结构纳米片，可以表现出独特的CO_2还原光催化活性。通过将SnS_2部分转化为SnS，增加了纳米片中晶体SnS的比例，即增加了催化活性位点；而该催化剂经历Z型电荷转移过程，所以具有更高效的电荷分离效率，因此显著提高SnS-SnS_2异质结构纳米片框架的光催化活性。

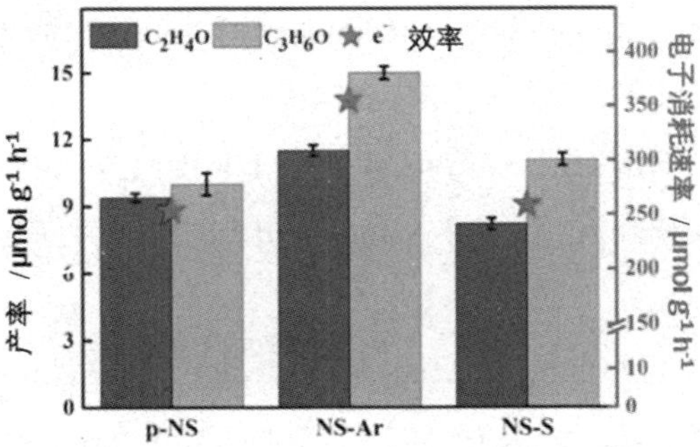

图4-8　乙醛和丙酮生成速率及p-NS、NS-Ar和NS-S电子消耗速率

4.5 本章小结

本章首先对硫族半导体进行简单介绍，然后对其分类，并总结了提高光催化CO_2还原的改性方法，比如异质结构建、元素掺杂、助催化剂负载和缺陷构建等。最后从锌硫族、CdS基、MoS_2基、Bi_2S_3基和SnS_2基等方面对CO_2光催化还原进展进行总结和概述。

参考文献

[1] Eggins B R, Irvine J T S, Murphy E P, et al. Formation of two-carbon acids from carbon dioxide by photoreduction on cadmium sulphide[J]. Journal of the Chemical Society, Chemical Communications, 1988 (16): 1123-1124.

[2] Kanemoto M, Hosokawa H, Wada Y, et al. Semiconductor photocatalysis. Part 20.-Role of surface in the photoreduction of carbon dioxide catalysed by colloidal ZnS nanocrystallites in organic solvent[J]. Journal of the Chemical Society, Faraday Transactions, 1996, 92(13): 2401-2411.

[3] Navalon S, Dhakshinamoorthy A, Álvaro M, et al. Photocatalytic CO_2 reduction using non-titanium metal oxides and sulfides[J]. ChemSusChem, 2013, 6(4): 562-577.

[4] Yang G, Chen D, Ding H, et al. Well-designed 3D $ZnIn_2S_4$ nanosheets/TiO_2 nanobelts as direct Z-scheme photocatalysts for CO_2 photoreduction into renewable hydrocarbon fuel with high efficiency[J]. Applied Catalysis B: Environmental, 2017, 219: 611-618.

[5] Fang R, Yang Z, Wang Z, et al. Double defects cooperatively mediated BiOClBr-OV for efficient round-the-clock photocatalytic CO_2 reduction[J]. Fuel,

2024, 367 131514.

[6] Zheng Z, Zu X, Zhang Y, et al. Rational design of type-II nano-heterojunctions for nanoscale optoelectronics[J]. Materials Today Physics, 2020, 15, 100262.

[7] Zhang G, Wang Z, Wu J. Construction of a Z-scheme heterojunction for high-efficiency visible-light-driven photocatalytic CO_2 reduction[J]. Nanoscale, 2021, 13 (8), 4359-4389.

[8] Wageh S, Al-Ghamdi A A, Jafer R, et al. A new heterojunction in photocatalysis: S-scheme heterojunction[J]. Chinese Journal of Catalysis, 2021, 42 (5), 667-669.

[9] Huang Q S, Li Q, Chu C, et al. Synergetic regulation of electronic structure of graphitic carbon nitride through phosphorus and carbon co-doping for enhanced photocatalytic CO_2 reduction[J]. Chemical Engineering Journal 2024, 482 149155.

[10] Ma Y, Zhang Y, Xie G, et al. Isolated Cu sites in CdS hollow nanocubes with doping-location-dependent performance for photocatalytic CO_2 reduction[J]. ACS Catalysis 2024, 14 (3), 1468-1479.

[11] Liu S, Guo Z, Yang Y, et al. Cobalt-doped CdS quantum dots enhanced photoelectroreduction of CO2 to formic acid with high selectivity[J]. Environmental Chemistry Letters 2024, 22 (2), 463-470.

[12] Lin Q, Zhao J, Zhang P, et al. Highly selective photocatalytic reduction of CO_2 to CH_4 on electron-rich Fe species cocatalyst under visible light irradiation[J]. Carbon Energy 2024, 6 (1), e435.

[13] Bao L, Jia Y, Ren X, et al. Cr dopants and S vacancies in ZnS to trigger efficient photocatalytic H_2 evolution and CO_2 reduction[J]. Journal of Materials Science & Technology 2024, 199, 75-85.

[14] Pang H, Meng X, Song H, et al. Probing the role of nickel dopant in aqueous colloidal ZnS nanocrystals for efficient solar-driven CO_2 reduction[J]. Applied Catalysis B: Environmental 2019, 244, 1013-1020.

[15] Wang J, Lin S, Tian N, et al. Nanostructured metal sulfides: classification, modification strategy, and solar-Driven CO_2 reduction application[J]. Advanced

Functional Materials 2020, 31 (9), 2008008.

[16] Li P, He T. Common-cation based Z-scheme ZnS@ZnO core-shell nanostructure for efficient solar-fuel production[J]. Applied Catalysis B: Environmental 2018, 238, 518-524.

[17] Zhang G, Zhu X, Chen D, et al. Hierarchical Z-scheme g-C_3N_4/Au/$ZnIn_2S_4$ photocatalyst for highly enhanced visible-light photocatalytic nitric oxide removal and carbon dioxide conversion[J]. Environmental Science: Nano 2020, 7 (2), 676-687.

[18] Meng X, Zuo G, Zong P, et al. A rapidly room-temperature-synthesized Cd/ZnS:Cu nanocrystal photocatalyst for highly efficient solar-light-powered CO_2 reduction[J] Applied Catalysis B: Environmental 2018, 237, 68-73.

[19] Ma X, Li D, Xie J, et al. Confined space and heterojunction dual modulation of ZnO/ZnS for boosting photocatalytic CO_2 reduction[J]. Solar RRL 2023, 7 (7), 2201093.

[20] Luo W, Li A, Yang B, et al. Synthesis of a hexagonal phase ZnS photocatalyst for high CO selectivity in CO_2 reduction reactions[J] ACS Applied Materials & Interfaces 2023, 15 (12), 15387-15395.

[21] Wang S, Wang Y, Zhang S L, et al. Photocatalysis: supporting ultrathin $ZnIn_2S_4$ nanosheets on Co/N-doped graphitic carbon nanocages for efficient photocatalytic H_2 generation[J]. Advanced Materials 2019, 31 (41) 1970291.

[22] Kang J, Qiu X, Hu Q, et al. Valence oscillation and dynamic active sites in monolayer NiCo hydroxides for water oxidation[J]. Nature Catalysis 2021, 4 (12), 1050-1058.

[23] Xia Y, Sayed M, Zhang L, et al. Single-atom heterogeneous photocatalysts[J]. Chem Catalysis 2021, 1 (6), 1173-1214.

[24] Si S, Shou H, Mao Y, et al. Low-coordination single Au atoms on ultrathin $ZnIn_2S_4$ nanosheets for selective photocatalytic CO_2 reduction towards CH_4[J]. Angewandte Chemie International Edition 2022, 61 (41), 202209446.

[25] Li L, Ma D, Xu Q, et al. Constructing hierarchical $ZnIn_2S_4$/g-C_3N_4 S-scheme heterojunction for boosted CO_2 photoreduction performance[J]. Chemical Engineering Journal 2022, 437, 135153.

[26] Song M, Song X, Liu X, et al. Enhancing photocatalytic CO_2 reduction activity of $ZnIn_2S_4$/MOF-808 microsphere with S-scheme heterojunction by in situ synthesis method[J]. Chinese Journal of Catalysis 2023, 51, 180-192.

[27] Song Y, Wang Y, Hu C, et al. Facet engineering-induced construction of $Ni_2P/ZnIn_2S_4$ heterostructures for boosted photocatalytic CO_2 reduction[J]. ACS Applied Materials & Interfaces 2023, 15 (25), 30199-30211.

[28] Qi M Y, Lin Q, Tang Z R, et al. Photoredox coupling of benzyl alcohol oxidation with CO_2 reduction over CdS/TiO_2 heterostructure under visible light irradiation[J]. Applied Catalysis B: Environmental 2022, 307, 121158.

[29] Jiang N, Li X, Guo H, et al. Plasma-assisted catalysis decomposition of BPA over graphene-CdS nanocomposites in pulsed gas-liquid hybrid discharge: Photocorrosion inhibition and synergistic mechanism analysis[J]. Chemical Engineering Journal 2021, 412, 128627.

[30] Wang J, Xia T, Wang L, et al. Enabling visible-light-driven selective CO_2 reduction by doping quantum dots: trapping electrons and suppressing H_2 evolution[J] Angewandte Chemie International Edition 2018, 57 (50), 16447-16451.

[31] Kuehnel M F, Orchard K L, Dalle K E, et al. Selective photocatalytic CO_2 reduction in water through anchoring of a molecular Ni catalyst on CdS nanocrystals[J]. Journal of the American Chemical Society 2017, 139 (21), 7217-7223.

[32] Wang F, Hou T, Zhao X, et al. Ordered macroporous carbonous frameworks implanted with CdS quantum dots for efficient photocatalytic CO_2 reduction[J]. Advanced Materials 2021, 33 (35), 2102690.

[33] Zhou X, Fang Y, Cai X, et al. In situ photodeposited construction of Pt–CdS/g-C_3N_4–MnO_x composite photocatalyst for efficient visible-light-driven overall water splitting[J]. ACS Applied Materials & Interfaces 2020, 12 (18), 20579-20588.

[34] Xiang D, Hao X, Jin Z. Cu/CdS/MnO_x nanostructure-based photocatalyst for photocatalytic hydrogen evolution[J]. ACS Applied Nano Materials 2021, 4 (12), 13848-13860.

[35] Xu M, Sun C, Zhao X, et al. Fabricated hierarchical CdS/Ni-MOF

heterostructure for promoting photocatalytic reduction of CO_2[J]. Applied Surface Science 2022, 576, 151792.

[36] Wu S, Pang H, Zhou W, et al. Stabilizing $CuGaS_2$ by crystalline CdS through an interfacial Z-scheme charge transfer for enhanced photocatalytic CO_2 reduction under visible light[J]. Nanoscale 2020, 12 (16), 8693-8700.

[37] Qin J, Zhao W, Hu X, et al. Exploring the N_2 Adsorption and Activation Mechanisms over the 2H/1T Mixed-Phase Ultrathin $Mo_{1-x}W_xS_2$ Nanosheets for Boosting N_2 Photosynthesis[J]. ACS Applied Materials & Interfaces 2021, 13 (6), 7127-7134.

[38] Liu Q, Li X, He Q, et al. Gram-scale aqueous synthesis of stable few-layered 1T-MoS_2: applications for visible-light-driven photocatalytic hydrogen evolution[J]. Small 2015, 11 (41), 5556-5564.

[39] Zhao Y, Cai W, Shi Y, et al. Construction of nano-Fe_2O_3-decorated flower-like MoS_2 with Fe–S bonds for efficient photoreduction of CO_2 under visible-light irradiation[J]. ACS Sustainable Chemistry & Engineering 2020, 8 (33), 12603-12611.

[40] Yu F, Jing X, Wang Y, et al. Hierarchically porous metal–organic framework/MoS_2 interface for selective photocatalytic conversion of CO_2 with H_2O into CH_3COOH[J]. Angewandte Chemie International Edition 2021, 60 (47), 24849-24853.

[41] Gao X J, Cao J M, Yang M M, et al. Photocatalytic CO_2 reduction to CH_4 mediated by MoS_2@NH_2-MIL-68 heterojunction with water vapor[J]. Journal of Solid State Chemistry 2023, 322, 123931.

[42] Yang X, Lan X, Zhang Y, et al. Rational design of MoS_2@COF hybrid composites promoting C-C coupling for photocatalytic CO_2 reduction to ethane[J]. Applied Catalysis B: Environmental 2023, 325, 122393.

[43] Singh S, Punia R, Pant K K, et al. Effect of work-function and morphology of heterostructure components on CO_2 reduction photo-catalytic activity of MoS_2-Cu_2O heterostructure[J]. Chemical Engineering Journal 2022, 433, 132709.

[44] Ben Abdallah H, Ouerghui W. Spin–orbit coupling effect on electronic,

linear and nonlinear optical properties of Bi2S3 and the ternary bismuth sulfide Bi2S2.75Se0.25: Ab-initio calculations[J]. Optical and Quantum Electronics 2021, 54 1-18.

[45] Guo R t, Liu X y, Qin H, et al. Photocatalytic reduction of CO_2 into CO over nanostructure Bi_2S_3 quantum dots/g-C_3N_4 composites with Z-scheme mechanism[J]. Applied Surface Science 2020, 500, 144059.

[46] Shan B F, Deng J, Zhao Z Y. Density Functional Theory Study on the Interfacial Properties of CuS/Bi_2S_3 Heterostructure[J]. Physica status solidi (b) 2021, 258 (12), 2100268.

[47] Zhao B, Song D, Ding Y, et al. Size-tunable SnS_2 nanoparticles assembled on graphene as anodes for high performance lithium/sodium-ion batteries[J]. Electrochimica Acta 2020, 354, 136730.

[48] Guo S Q, Yang B, Hu Z, et al. Uncovering mechanism of photocatalytic performance enhancement induced by multivariate defects on SnS_2[J]. Nano Research 2022, 16 (2), 2102-2110.

[49] Zhu B, Tan H, Fan J, et al. Tuning the strength of built-in electric field in 2D/2D g-C_3N_4/SnS_2 and g-C_3N_4/ZrS_2 S-scheme heterojunctions by nonmetal doping[J]. Journal of Materiomics 2021, 7 (5), 988-997.

[50] You F, Zhou Y, Li D, et al. Construction of a flower-like SnS_2/SnO_2 junction for efficient photocatalytic CO_2 reduction[J]. Journal of Colloid and Interface Science 2023, 629, 871-877.

[51] Wu C Y, Lee C J, Yu Y H, et al. Efficacious CO_2 Photoconversion to C2 and C3 Hydrocarbons on Upright SnS–SnS_2 Heterojunction Nanosheet Frameworks[J]. ACS Applied Materials & Interfaces 2021, 13 (4), 4984-4992.

第5章　金属有机框架用于光催化CO_2还原

5.1　金属有机框架的结构性质

金属有机框架（MOFs），也叫多孔配位聚合物，由有机连接基和金属节点（金属离子或者金属簇）组成，这是一类多孔结晶的有机无机杂化材料[1]。作为MOFs的连接体，配体首先应具有足够的刚性，以确保骨架足够坚固并维持孔的永久性[2]。通常配体由带有配位点和官能团的刚性苯基或聚苯基有机物组成，它们的柔性和旋转度有限。另外，配位键应足够牢固。由于金属羧酸盐具有高的热稳定性和化学稳定性，因此带有羧酸的连接基是构建MOFs材料中最重要和广泛使用的桥连配体之一[3]。此外，基于羧酸连接基的MOFs一般带有中性骨架，这可能会极大降低骨架在活化过程中塌陷的可能性。

与传统的多孔材料相比，MOFs作为一种新型的多孔材料具有更大的潜在应用，这主要是由于其孔道尺寸、形状、大小和孔表面等孔结构的精细可调性[4]。大多数MOFs具有三维结构，其中包含均匀的孔和通道网络。这些孔和通道通常充满客体分子，例如反应溶剂和有机胺，有时还包括合成离子等物质[5]。在许多情况下，去除这些客体分子后通常会保留框架的完整性，并且保留了这些空隙，而后其他客体分子可以被吸附到该多孔结构上。但是去除客体分子有时候也会导致MOFs框架的崩塌。在MOFs的结构中，次级构筑单元可以丰富MOFs的节点并扩展无机拓扑结构，这使它们具有异常高的孔隙率[6]。由于MOFs处于结晶状态，因此它们还具有均匀、可调的孔径。通过去除末端配体（如水和吡啶），MOFs结构中有两种吸附位点：配体不饱和金属位点和客体分子可接近的功能性有机位点[1-3]。MOFs的这些多孔性质使得它们得到更有效和更广泛的应用。

5.2　金属有机框架的制备方法

5.2.1　水热/溶剂热

水热/溶剂热反应是在密闭容器中高于溶剂沸点的自生压力下进行的。常规的水热/溶剂热反应是在密封容器（例如反应釜）中一次性添加所有反应物（金属盐、有机配体和溶剂），然后升高温度（通常低于250 ℃）至亚临界条件，最后结晶产物可能在几天内产生[2]。反应溶剂除最常用的水以外，主要还有醇、二甲基甲酰胺和吡啶。此外，还有许多反应需要添加胺类化合物，这可能有利于晶体的合成，同时此类胺类化合物不参与最终化合物的组成[7]。几乎所有的二价、三价或四价阳离子金属盐都可以用于MOF的合成[1]。水热/溶剂热条件可以通过增强扩散过程和优化配位作用，以热力学上更有利的方式促进反应体系的平衡和随后有序结构的形成。

5.2.2　蒸发结晶法

蒸发结晶法是在环境压力或在溶剂沸点以下发生的反应，根据反应温度的高低可以分为室温反应和高温反应。正如Hoskins和Robson所研究的那样[8]，早期MOFs的合成工作主要依靠低温蒸发合成，即在反应过程中，MOFs的生长伴随着重结晶或溶剂的缓慢蒸发。通过调节反应条件来控制晶体成核速率和生长，从而合成简单的分子或离子晶体。为了从溶液中生长晶体，通常通过改变温度或蒸发溶剂来实现反应物的浓度超过临界成核浓度。在反应体系中一旦有超过临界半径的颗粒产生，就会触发晶体生长。反应物溶液中溶剂的蒸发、溶液分层或反应物彼此缓慢扩散之类的方法会导致的浓度梯度的产生，从而允许MOFs的形成。浓度梯度也可以用温度作为变量来实现[1]，即通过施加温度梯度或缓慢冷却反应体系来实现。这些方法一般能得到大块的晶体，并且晶体结构容易被确定。

5.2.3 扩散法

扩散法是不同体系中的不同物质缓慢接触后产生晶体的过程[4]。扩散法有两种方式：①溶剂液体扩散法。首先形成两层具有不同密度的溶液层，一层溶剂中包含产物，另一层是沉淀剂，两层之间由溶剂层分离。沉淀剂缓慢扩散到分离层中，并且在界面处促使晶体生长。②通过物理屏障进行分离（例如两个大小不同的容器），使反应物缓慢从一个容器扩散到另一个容器，从而促使晶体的产生。另外，在某些情况下，凝胶还可用作扩散和结晶的介质，尤其是减慢扩散速度并避免大量反应物的沉淀。扩散方法获得的产物一般是单晶，而不是非晶或者多晶产物，这有利于做X-射线衍射分析[9]。

5.2.4 微波辅助合成法

微波辅助合成法依赖于电磁波与移动电荷的相互作用[1]。这些移动电荷可以是溶液中的极性溶剂分子/离子，也可以是固体中的电子/离子。在微波下，固体反应体系中形成电流，并且由于固体的电阻而被加热。在溶液中，极性分子试图使其自身在电磁场和振荡场中排列，以使分子永久改变其方向。因此，施加适当的频率，分子之间将发生碰撞，这导致系统的温度升高。由于辐射与溶液/反应物的直接相互作用，因此可以在整个体系中实现均匀的高加热速率，从而促进MOFs的生长。

5.3 金属有机框架在光催化CO_2还原中的研究进展

由于MOFs材料具有独特的优势，比如极高的比表面积、均匀可调的孔结构和高密度配位不饱和金属位点，使其在CO_2光催化还原中占据重要地位[6]。组成MOFs的无机（金属离子或者金属簇）和有机（有机连接基）部分都可能充当光吸收中心，并且可以通过后修饰法获得更宽的光吸收范围和更强的CO_2吸附能力[10]。高密度的金属节点可以提供丰富的催化活性中心，而MOFs的高孔隙率使得催化反应更加接近活性中心。优异的CO_2吸附能力使得

MOFs孔道中富集高浓度的CO_2分子，这有利于加速催化还原反应的进行[11-12]。因此，MOFs有望成为光催化剂或助催化剂，并且参与或促进CO_2光催化还原。

5.3.1　单金属MOFs用于CO_2光催化还原

金属钛因其可变的化合价Ti^{4+}/Ti^{3+}、低毒性和低成本而适合作为MOF光催化剂中的金属节点[13]。$Ti_8O_8(OH)_4(O_2C-C_6H_4-CO_2)_6$也称为MIL-125-Ti[14]，是由$Ti_8O_8(OH)_4$次级构筑单元和对苯二甲酸配体组成，在紫外区域（约3.6 eV/345 nm）具有光学响应，它是一种理想的多孔的MOF光催化剂。Fu等人[15]研究了MIL-125-Ti对CO_2光催化还原的效果。他们在365 nm紫外线照射10 h后，在乙腈与三乙醇胺（TEOA）反应体系中检测出来了还原产物$HCOO^-$（2.41 μmol）。

锆和钛属于同一副族，并且它们的阳离子形式具有相同的价层电子分布。Zr–O团簇中的Zr离子从Zr^{4+}到Zr^{3+}表现出可变的价态。因此，基于Zr的MOF也是一种理想的多孔MOF光催化剂。$[Zr_6O_4(OH)_4(O_2C-C_6H_4-CO_2)_6]$是由$Zr_6O_4(OH)_4$次级构筑单元和对苯二甲酸有机配体构成的Zr基MOF（UiO-66-Zr）[16]。由于Zr^{4+}位点在UiO-66-Zr中具有高度的亲氧性，因此Zr–O团簇在化学反应中表现出很高的化学稳定性[17]。Silva课题组[18]研究了在甲醇作为牺牲电子给体的情况下，UiO-66-Zr可以作为催化剂在紫外光激发下产生H_2，但是UiO-66-Zr在CO_2光催化还原反应中仍然没有活性，原因可能是UiO-66-Zr中Zr–O簇的氧化还原电势很高，在紫外光照射下电子无法从对苯二甲酸有效地转移到Zr–O簇。通过选用合适的有机配体或者MOFs后处理等，同构的Zr-MOF在光催化CO_2还原反应中表现出较高的性能[19-20]。

由于铁（Fe）元素具有可变的价态（Fe^{3+}/Fe^{2+}）、无毒和储量丰富等特点，因此适用于MOF光催化剂中的金属节点。Fe-MOF由独特的Fe^{3+}-O簇组成，在可见光激发下，此金属簇可以直接诱导电子从O^{2-}转移到Fe^{3+}，最终形成Fe^{2+}[21]。Wang等人[22]研究了MIL-101-Fe、MIL-53-Fe和MIL-88B-Fe三种类型的Fe-MOF在CO_2光催化还原中的性能，并且实验结果表明三种MOFs都表现出优异的CO_2光催化性能。在可见光照射8 h后，还原产物$HCOO^-$的产量分别为59.0、29.7和9.0 μmol。其中，MIL-101-Fe表现出最高的CO_2光催化活性。这是因为MIL-101-Fe中配位不饱和的铁位点不仅作为高效的CO_2吸附位点，而且还作为CO_2催化还原的活性位点。这些结果证实，优异的CO_2吸附能力对于改善光催化性能是有益的。

5.3.2 双金属MOFs用于CO_2光催化还原

有些MOF虽然具有潜在的CO_2光催化活性，但由于其金属-氧簇的氧化还原势能与CO_2的氧化还原势垒不匹配，因此具有较差的还原能力[23]。最有效的方法之一是将外来金属阳离子引入到MOFs的金属节点中，以使新的金属-氧簇的氧化还原势能适于CO_2催化还原的电势[24-25]。由于在MOF中形成了氧桥双金属自组装，因此可能发生金属到金属的电荷转移，从而极大提高了光催化性能的可能性。

1. 以双金属Ni/Mg-MOF-74为例详细介绍

为了更易于理解双金属MOFs在CO_2光催化还原中的具体应用，本书将详细介绍用双金属Ni/Mg-MOF-74作为催化剂直接还原模拟烟道气中低浓度的CO_2[26]。图5-1所示为双金属Ni/Mg-MOF-74的制备及其CO_2光催化还原的示意图。

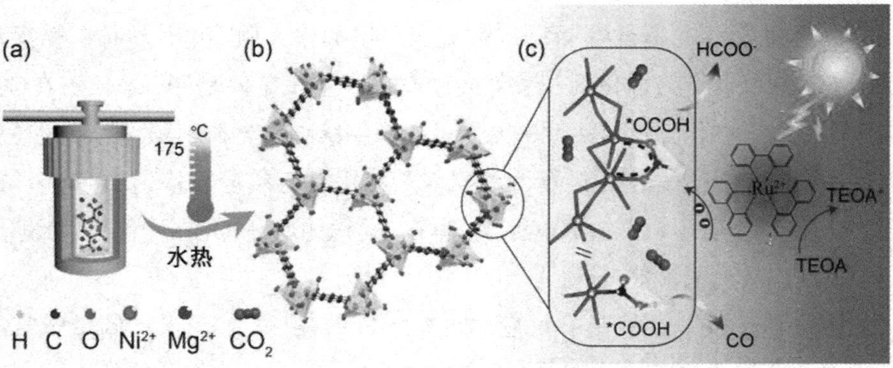

（a）双金属Ni/Mg-MOF-74的制备（b）Ni/Mg-MOF-74的晶体骨架图 放大部分为球棒图（c）Ni/Mg-MOF-74用于CO_2光催化还原的示意图

图5-1 双金属Ni/Mg-MOF-74的制备及其CO_2光催化还原示意图

（1）实验部分

实验药品和主要仪器：实验所用主要药品如表5-1所示，无特殊说明，所有药品无须进一步纯化即可使用。实验所用主要仪器如表5-2所示。去离子水（H_2O）由本实验室的纯水机制备。

表 5-1　实验药品

实验药品	规格	生产厂家
2，5-二羟基对苯二甲酸	98%	阿拉丁
$Ni(CH_3COO)_2·4H_2O$	99%	阿拉丁
$Mg(NO_3)_2·6H_2O$	99%	阿拉丁
N，N-二甲基甲酰胺	分析纯	国药集团化学试剂有限公司
甲醇	分析纯	国药集团化学试剂有限公司
乙醇	分析纯	国药集团化学试剂有限公司
乙腈	分析纯	国药集团化学试剂有限公司
六水合（2，2′-联吡啶）三氯化钌（II）	98%	麦克林
三乙醇胺	分析纯	国药集团化学试剂有限公司

表5-2　实验仪器

仪器	型号	生产厂家
天平	AL104	METTLER TOLEDO
磁力加热搅拌器	DF-101S	上海力辰邦西仪器科技有限公司
超声波清洗器	KQ-300E	昆山市超声仪器有限公司
离心机	Sigma 2-16KL	Sigma
真空干燥箱	ZKF030	上海实验仪器厂有限公司
管式炉	KJ-T1200-60-S6008LK2	郑州科佳电炉有限公司
鼓风干燥箱	9070B	上海培因实验仪器有限公司
X射线衍射仪	D/Max-2550	Rigaku
透射电子显微镜	JEM-2100Plus	日本电子株式会社
扫描电子显微镜	XL 30 ESEM FEG	FEI Company
X射线光电子能谱	Escalab 250	Thermo VG Scientific
荧光光谱仪	F-4600	Hitachi日立
荧光寿命光谱仪	FSP920	英国爱丁堡公司

续表

仪器	型号	生产厂家
固体分光光度计	U–3010	Hitachi
气体吸附仪	Autosorb–iQ	美国康塔仪器公司
电化学工作站	CHI660e	美国CH Instruments，Inc.
300 W氙灯光源	CEL–HXF300	北京中教金源科技有限公司
420 nm滤光片	Cut420（420–780 nm）	北京中教金源科技有限公司
等离子体质谱	ICP–MS 7500	Agilent 7500a
氢气发生器	CEH300	北京中教金源科技有限公司
空气发生器	THA3L	北京中教金源科技有限公司
气相色谱仪	GC–9800	上海科创色谱仪器有限公司
气相色谱质谱联用仪	HP 6890GC–5973MSD	Thermo VG Scientific

注：不锈钢水热反应釜和聚四氟乙稀内胆是本实验室定做的。

双金属$Ni_{0.75}Mg_{0.25}$–MOF–74用已报道的水热方法制备[27]：将2，5–二羟基对苯二甲酸（H_4DOBDC，148.6 mg，0.75 mmol）、Ni（CH_3COO）$_2$ · $4H_2O$（99.5 mg，0.4 mmol）和Mg（CH_3COO）$_2$ · $4H_2O$ （128.6 mg，1.6 mmol）称量后放入玻璃烧杯中，加入50 mL H_2O将其完全溶解。然后将此溶液装到100 mL反应釜中，随后在烘箱中加热至175℃，保温12h。反应结束后，反应釜自然冷却至室温，然后从中倒出母液，并用甲醇清洗产物，直到完全除去未反应的反应物。最后将该材料在惰性气体Ar的气氛下于200 ℃活化8h，目的是去除孔道中的溶剂分子。最后将产物放在密封的容器内贮藏。Ni–MOF–74和上述双金属MOF–74的制备方法相似，加入1.44 mmol Ni（CH_3COO）$_2$ · $4H_2O$，其他步骤相同。

Mg–MOF–74用已报道的溶剂热方法制备[28]：将称量好的H_4DOBDC（90.00 mg，0.45 mmol）放入玻璃烧杯中，然后加入30 mL DMF将其溶解。将称量好的Mg（NO_3）$_2$ · $6H_2O$ （369.22 mg，1.44 mmol）放入含有3.6 mL（1：1，体积比）EtOH/H_2O的另一个玻璃烧杯中，然后用磁力搅拌器将这两种物质充分混合，直到固体完全溶解。随后把两种溶液装到50 mL反应釜中，并将其放入烘箱加热至120℃，保温24h。待反应釜冷却至室温后，从中离心出产物，每5h用DMF清洗一次，直到完全除去未反应的反应物为止。将产物浸入50 mL新鲜甲醇（MeOH）中7天，每天更新MeOH。最后将材料在250 ℃的Ar氛围下活化8h，保存以备后用。

材料的表征与分析方法：粉末X射线衍射图谱（PXRD）在X–射线衍射仪上检测得到。在透射电子显微镜JEM–2100Plus上研究样品的透射电子显微镜照片（TEM）和能量色散X–射线谱图。气体吸附量在自动体积吸附设备ASIQM0G002–3上进行。在测试二氧化碳吸附量之前，在Ar气氛下于200 ℃加热8h来活化样品。用紫外可见光谱仪（Shimadzu UV–2600）研究样品的光吸收行为。紫外可见吸收和漫反射光谱（DRS）在U–3010分光光度计（日本日立）上获得。光致发光光谱（PL）在发光光谱仪（Hitachi F–4600）上扫描，激发波长为520 nm。发光衰减曲线用配备光电倍增管（PMT）的爱丁堡FSP920光谱仪进行测试，并由480 nm脉冲激光泵浦的纳秒光学参量振荡器（OPO）作为激发源。*I–t*曲线和Mott–Schottky曲线在CHI660e（美国CH Instruments，Inc.）电化学工作站上进行测试。电感耦合等离子体质谱（ICP–MS）在Thermo Scientific Xseries 2上进行测试。MOF晶体的光学照片是从奥林巴斯SZX7显微镜获得的。MOF晶体由Smart Apex Ⅱ测试得到。用GC–9800光谱仪和ICS–1000离子色谱仪分别测试光催化反应的气体和液体产物。HP 6890GC–5973MSD气相色谱–质谱仪（GC–MS）和^{13}C NMR用于测试分析$^{13}CO_2$（纯度98%）同位素实验生成的^{13}CO和$H^{13}COO^-$。所有样品均在常温常压下进行测试。

MOF–74光电极的制备：首先将ITO基底分割为1cm × 1cm的片子，然后依次在去离子水、酒精和丙酮中超声处理10min来清洁这些ITO玻璃基底的表面。待ITO玻璃基底自然干燥后，将40 μL MOF–74的MeOH悬浮液（6 mg/mL）滴到ITO基底上，最后将所制备的光电极在室温下干燥过夜。

*I–t*曲线：采用三电极配置的电化学工作站CHI660e（美国CH Instruments，Inc.）对光电极样品进行*I–t*曲线的电化学表征，以上述制备的光电极作为工作电极，Pt网作为对电极，Ag/AgCl（在3 M KCl中）作为参比电极。把0.2 M Na_2SO_4水溶液填充到电解池中作为电解质。以氙灯作为光源，其光电流密度与CO_2光催化还原测试中的密度保持一致。

莫特–肖特基的测试条件：采用三电极配置的电化学工作站CHI660e（美国CH Instruments，Inc.）对光电极样品进行莫特–肖特基的电化学表征，使用上述制作的光电极作为工作电极，Pt作为对电极，0.2 M Na_2SO_4作为电解质。该测试是在500 Hz、1 000 Hz和1 500 Hz的条件下测量的。

在纯的CO_2条件下进行光催化性能测试：首先，在自制的50 mL密封石英管中加入3 mg Ni/Mg-MOF-74催化剂、5 mL乙腈（CH_3CN）溶剂、7 mg光敏剂［Ru(bpy)$_3$］Cl_2（bpy = 2，2′-联吡啶）和1 mL TEOA牺牲试剂。然后，高纯度的CO_2（99.99%）气体在此反应体系中鼓泡约20min，直到CO_2浓度达到饱和并完全除去体系中溶解的氧气。将带有420 nm滤光片的300 W氙气灯作为光源，自制密封石英管与此氙灯之间的距离约为8cm，光强度约为200 mW/cm^2。所有实验均在环境压力下进行。反应体系在循环冷却水系统下保持20 ℃。反应时间没有特殊说明即为0.5 h。待CO_2光催化还原反应结束后，用1 mL注射器收集在光催化还原过程中产生的气态产物，然后通过配备有火焰离子检测器（FID）和热导检测器（TCD）的GC-9800气相色谱仪进行测试分析。将反应体系的上清液用去离子水稀释25倍，然后通过ICS-1000离子色谱仪测试$HCOO^-$含量。

低浓度CO_2（20%，15%，5%）条件下的光催化性能测试：以5%CO_2/Ar体系为例。在自制的50 mL密封石英管中加入3 mg $Ni_{0.75}Mg_{0.25}$-MOF-74催化剂、5 mL CH_3CN溶剂、7 mg光敏剂［Ru(bpy)$_3$］Cl_2（bpy = 2，2′-联吡啶）和1 mL TEOA牺牲试剂。然后，高纯度的Ar（99.99%）气体在此反应体系中鼓泡约20min，直到完全除去溶解的氧气。随后将5%CO_2/Ar混合气体以80 mL/min的流速鼓泡至反应体系，时间约1min。所得到的5%CO_2/Ar稀释的反应体系用带有420 nm滤光片的300 W氙气灯照射0.5 h。自制密封石英管与300 W氙气灯之间的距离约为8cm，光强度约为200 mW/cm^2。反应体系在循环冷却水作用下保持在20 ℃。反应结束后，用1 mL注射器收集在CO_2光催化还原过程中产生的气态产物，然后通过配有火焰离子检测器（FID）和热导检测器（TCD）的GC-9800气相色谱仪进行测试分析。将反应体系的上层清液用去离子水稀释25倍，然后用ICS-1000离子色谱测试$HCOO^-$的含量。通过类似的方法测试分析其他稀释条件（20%和15%）的光催化情况。

模拟烟气（20%CO_2 + 0.2%H_2S + 0.2%NO_x + 0.2%SO_x）中光催化性能的测试：在自制的50 mL密封石英管中加入3 mg $Ni_{0.75}Mg_{0.25}$-MOF-74催化剂、5 mL CH_3CN溶剂、7 mg光敏剂［Ru(bpy)$_3$］Cl_2（bpy = 2，2′-联吡啶）和1 mL

TEOA牺牲试剂。将高纯度的N_2（99.99%）气体在反应体系中鼓泡约20min，直到完全除去溶解的O_2。然后，将20%CO_2/N_2混合气体以80 mL/min的流速加入到该体系，鼓泡时间约为1min。将自制的0.1 mL H_2S、0.1 mL NO_x和0.1 mL SO_x注射到该反应体系。用带有420 nm滤光片的300 W氙灯照射该反应体系0.5 h。自制密封石英管与300 W氙灯之间的距离约为8cm，光照石英管中反应体系的几何形状约为2cm × 3cm。光强度约为200 mW/cm^2。反应体系在循环冷却水下保持20 ℃。反应结束后，用1 mL注射器收集在CO_2光催化还原过程中产生的气态产物，然后通过配有火焰离子检测器（FID）和热导检测器（TCD）的GC–9800气相色谱仪进行测试分析。将反应体系的上层清液用去离子水稀释25倍，然后用ICS–1000离子色谱测试$HCOO^-$的含量。注意，在通风橱中操作此实验！H_2S、NO_x和SO_x气体分别由Na_2S、$NaNO_2$和$NaHSO_3$中添加适量的硫酸来制备。

理论计算的基本方法：密度泛函理论（DFT）框架内所有的计算都是在Vienna ab initio程序包（VASP）中进行的[29–31]。Perdew–Burke–Ernzerhof（PBE）描述了函数的广义梯度近似性[32]。增强波（PAW）方法[33]用于描述核心区域的波函数，而化合价波函数被扩展为具有400 eV截止能量的平面波的线性组合。在几何优化中，总能量收敛到10^{-5} eV，每个松弛原子上的Hellmann–Feynman力小于0.01 eV /Å。DFT–D2方案也考虑了范德华（vdW）相互作用的影响[34-35]。

（2）结果与讨论

Ni/Mg–MOF–74的形貌与性质表征：为了避免合成MOF的过程中所用的有机溶剂（例如N，N–二甲基甲酰胺，即DMF）分解产生$HCOO^-$[36]，从而对CO_2光催化还原反应的液相产物甲酸造成混淆，我们通过水热法制备了多孔的Ni–和Ni/Mg–MOF–74微米材料[27]。但是，用上述水热方法无法合成Mg–MOF–74多孔材料，因此用已报道的溶剂热法制备了Mg–MOF–74[37]。为了确定所制备的MOF–74中Ni/Mg的实际比例，我们利用电感耦合等离子体质谱（ICP–MS）对它们进行了表征。尽管Mg^{2+}的进料比高达80%和70%，但是实际MOF–74中其含量分别仅有25%和13%（表5–3）。我们无法用水热法得到Mg^{2+}含量更高的双金属MOF–74材料。根据Ni/Mg的实际比例，双金属MOF–74分别命名为$Ni_{0.87}Mg_{0.13}$–MOF–74和$Ni_{0.75}Mg_{0.25}$–MOF–74。

表5-3　Ni/Mg-MOF-74的电感耦合等离子体质谱（ICP-MS）

样品名称	进料摩尔比（Ni：Mg）	最终产物摩尔比（Ni：Mg）
Ni-MOF-74	1：0	1：0
$Ni_{0.87}Mg_{0.13}$-MOF-74	0.3：0.7	0.87：0.13
$Ni_{0.75}Mg_{0.25}$-MOF-74	0.2：0.8	0.75：0.25
Mg-MOF-74	0：1	0：1

为了确定Ni_xMg_{1-x}-MOF-74（x = 1，0.87，0.75，0）多孔材料的形貌和尺寸，我们进行了扫描电子显微镜（SEM）的测试。图5-2（a）所示为Ni-MOF-74的SEM图像，从图中可以得知晶体Ni-MOF-74为棱状长条晶体，但尺寸分布不均一，其中尺寸大的晶体（长约为20μm、宽约为10 μm）比较少，大多数为碎小的微晶。如图5-2（b）所示，$Ni_{0.87}Mg_{0.13}$-MOF-74的尺寸随着Mg的引入变得较为均一，形貌较为粗长的棱柱，这些棱状晶体长度处于30～50μm之间，宽度约为10～15 μm。进一步增加Mg的含量，双金属$Ni_{0.75}Mg_{0.25}$-MOF-74的尺寸变得很均一，形貌为细长的棱柱，这些棱状晶体长度处于40～60 μm之间，宽度约为5～10 μm［图5-2（c）］。由图5-2（d）可知，多孔Mg-MOF-74晶体的尺寸最小，是类似球状的微晶材料。为了掌握微米级双金属$Ni_{0.75}Mg_{0.25}$-MOF-74的元素分布情况，我们对其进行了能量色散X-射线能谱（EDX）的测试。如图5-2（e）所示，Ni和Mg元素均匀分布在双金属Ni/Mg-MOF-74晶体材料中，这表明我们成功制备了混金属Ni/Mg-MOF-74微米催化剂。

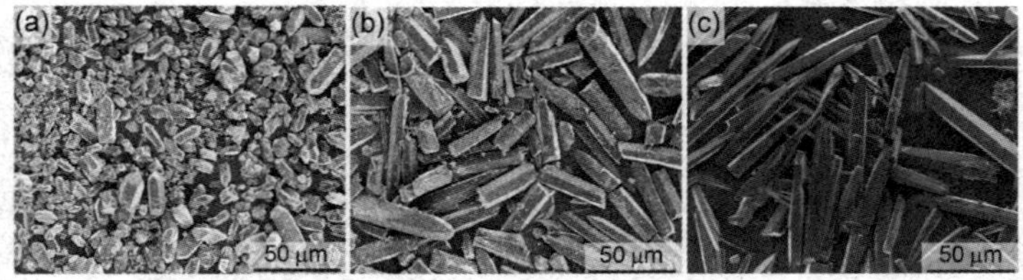

（a）Ni-MOF-74　（b）$Ni_{0.87}Mg_{0.13}$-MOF-74　（c）$Ni_{0.75}Mg_{0.25}$-MOF-74

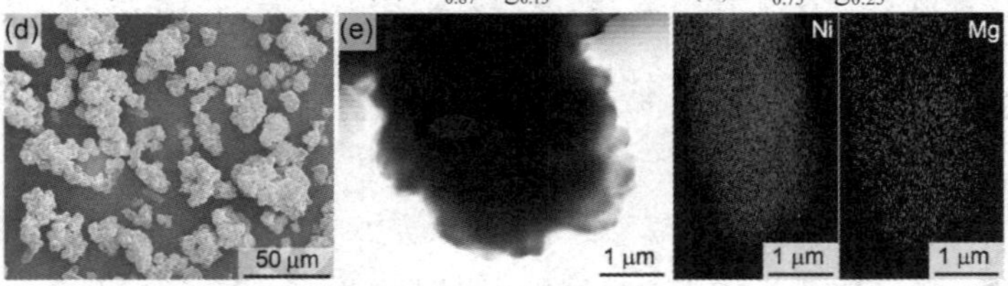

（d）Mg-MOF-74　（e）$Ni_{0.75}Mg_{0.25}$-MOF-74

表5-2　SEM图

为了进一步说明Ni和Mg是均匀分布在混金属MOF−74中，我们通过理论计算得到了Ni/Mg比例为1∶1时双金属MOF−74的能量分布图。参照对象是Ni与Mg完全分布在不同的行中（图5−3，左上方），此时我们认为两种金属离子之间的相互作用力忽略不计。在图5−3的右下方，两种金属随机分布在双金属MOF−74体系的任意行中。很明显地，均匀分散的双金属体系的相对能量低于参照对象，这表明Ni与Mg金属离子在MOF−74中更倾向于均匀分散，而不是相分离。因此，在给定Ni/Mg比例的混金属体系中，相邻的Ni−O−Mg结构很容易出现。

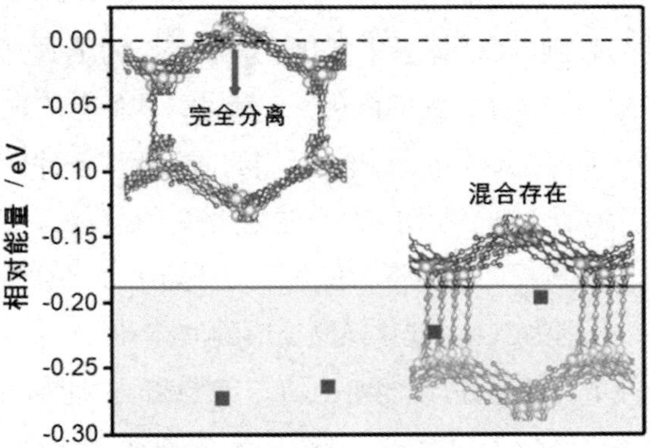

图5−3　Mg∶Ni比为1∶1的混合Ni/Mg−MOF−74结构的相对能量

为了确定Ni_xMg_{1-x}−MOF−74（$x = 1$，0.87，0.75，0）多孔微米材料的晶相，我们测试了粉末X−射线衍射图谱（PXRD）。如图5−4（a）所示，四种多孔微米材料的衍射峰位置与模拟MOF−74的图谱相符，这证实了它们具有同构性，且是纯相的材料。为了研究MOFs材料在可见光区域的光吸收情况，我们对其进行了紫外可见光吸收测试。图5−4（b）为Ni_xMg_{1-x}−MOF−74（$x = 1$，0.87，0.75，0）多孔材料的紫外可见吸收光谱，测试结果表明MOFs材料的吸光范围均可覆盖整个可见光区域，双金属Ni/Mg−MOF−74和单金属Ni−MOF−74在可见光区域的光吸收行为更为相似，且光吸收能力都优于Mg−MOF−74。

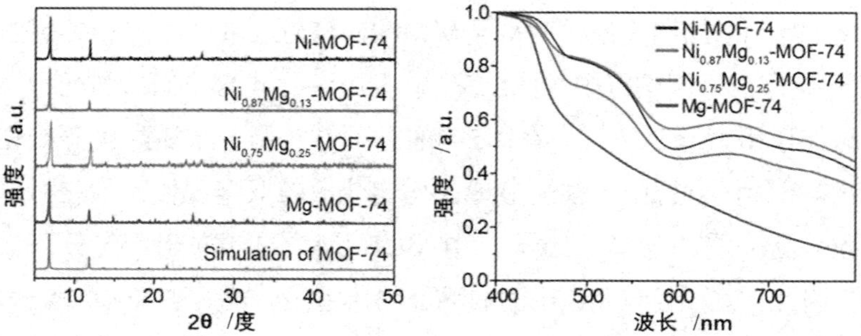

（a）PXRD图　　（b）紫外-可见吸收光谱

图5-4　Ni_xMg_{1-x}-MOF-74（$x=1$，0.87，0.75，0）

Ni/Mg-MOF-74在纯的CO_2体系中催化性能研究：为了研究Ni_xMg_{1-x}-MOF-74（$x=1$，0.87，0.75，0）多孔材料的催化反应活性，我们首先在纯的CO_2气氛中研究了MOF-74的CO_2光催化还原性能。遵循常用的催化反应条件[38]：乙腈为溶剂、三乙醇胺（TEOA）为牺牲剂、MOF-74为催化剂和［$Ru(bpy)_3$］Cl_2（bpy = 2，2′-联吡啶）为光敏剂，在可见光照射下，催化反应进行0.5 h。如图5-5所示，催化结果表明$HCOO^-$和CO分别为CO_2光催化还原反应的液体和气体产物，H_2为副产物。在纯的CO_2反应条件下，催化还原产物$HCOO^-$、CO和副产物H_2的具体产率列于表5-4中。当双金属$Ni_{0.75}Mg_{0.25}$-MOF-74作为催化剂加入反应体系时，CO产率［0.46 mmol/（h·g_{MOF}）］与Ni-MOF-74和$Ni_{0.87}Mg_{0.13}$-MOF-74相当（图5-5a），而其甲酸产率［0.64 mmol/（h·g_{MOF}）］高于Ni-MOF-74［0.29 mmol/（h·g_{MOF}）］和$Ni_{0.87}Mg_{0.13}$-MOF-74［0.54 mmol/（h·g_{MOF}）］。据我们所知，在类似CO_2光催化条件下，我们的甲酸产率优于已报道的基于MOF的催化剂（表5-5）。

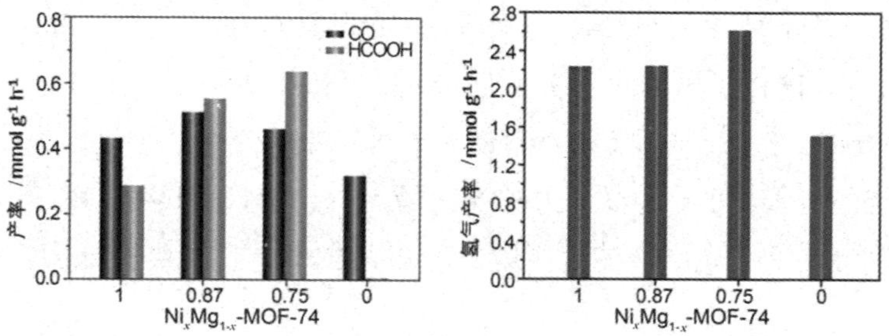

（a）CO和$HCOO^-$的产量　　（b）H_2的产量

图5-5　Ni_xMg_{1-x}-MOF-74（$x=1$，0.87，0.75，0）

作为催化剂进行CO_2光催化还原CO和HCOO-的产量和H_2的产量

表5-4　Ni/Mg-MOF-74作为催化剂在纯的CO_2中进行0.5 h照射所得到的催化性能

催化剂	$HCOO^-$/（$mmol \cdot h^{-1} \cdot g_{MOF}^{-1}$）	CO/（$mmol \cdot h^{-1} \cdot g_{MOF}^{-1}$）	H_2/（$mmol \cdot h^{-1} \cdot g_{MOF}^{-1}$）
Ni-MOF-74	0.29	0.43	2.22
$Ni_{0.87}Mg_{0.13}$-MOF-74	0.54	0.52	2.24
$Ni_{0.75}Mg_{0.25}$-MOF-74	0.64	0.46	2.61
Mg-MOF-74	~0	0.32	1.56

表5-5　将MOF作为催化剂在纯的CO_2中进行光催化还原，产物为甲酸的产率对比结果

催化剂名称	光敏剂	溶剂/牺牲试剂	光源	$HCOO^-$ /$mmol \cdot h^{-1} \cdot g^{-1}$	参考文献
MOF-253-Ru（CO）$_2$Cl$_2$	No	MeCN/TEOA	Xe-300 W 420-800 nm	16.8	39
PCN-222	No	MeCN/TEOA	Xe-300 W 420-800 nm	60	40
NH_2-UiO-66（Zr）	No	MeCN/TEOA	Xe-500 W 420-800 nm	26.4	19
MIL-125（Ti）-NH_2	No	MeCN/TEOA	Xe-300 W 420-800 nm	16.3	41
Eu-Ru（phen）$_3$-MOF	No	MeCN/TEOA	Xe-300 W 420-800 nm	94	42
AUBM-4	No	MeCN/TEOA	Xe-150 W 420-800 nm	366	5
AD-MOF-2	No	H_2O/TIPA	Xe-300 W 420-800 nm	443.2	43
MIL-101（Fe）	No	MeCN/TEOA	Xe-300 W 420-800 nm	147.5	44
Zr-SDCA-NH_2	No	MeCN/TEOA	Xe-300 W 420-800 nm	39.2	45
Zr-bpdc/RuCO	[Ru(bpy)$_3$](PF$_6$)$_2$	MeCN/TEOA	Xe-300 W 385-740 nm	23	46
$Ni_{0.75}Mg_{0.25}$-MOF-74	[Ru(bpy)$_3$]Cl$_2$	MeCN/TEOA	Xe-300 W 420-800 nm	638	

注：MeCN为乙腈；TEOA为三乙醇胺；TIPA为三异丙醇胺。

在纯的CO_2光催化反应体系中当Mg-MOF-74作为催化剂时，光照条件下的$HCOO^-$产量与黑暗条件下的$HCOO^-$产量基本相等。之所以在黑暗条件下有

甲酸产生，原因很可能是在用溶剂热法合成Mg–MOF–74时，所用的有机溶剂DMF在高温反应下分解成甲酸等物质，而DMF分解产生的甲酸附着在了Mg–MOF–74孔道中。虽然Mg–MOF–74用于CO_2光催化前进行了充分的溶剂交换和高温活化，但可能仍有少量的甲酸留在其孔道中，因此在黑暗条件下测出了甲酸。此外，扣除［Ru(bpy)$_3$］Cl_2所产生的CO和H_2后，Mg–MOF–74作为催化剂几乎不产生CO和H_2（表5–6）。这说明Mg–MOF–74在CO_2光催化反应中基本没有催化活性。结合图5–5（b）和表5–6可知，在$Ni_{0.75}Mg_{0.25}$–MOF–74作为催化剂时，单纯光敏剂［Ru(bpy)$_3$］Cl_2所产生的H_2占总体催化体系中H_2总量的65%以上，这表明H_2主要是由吡啶钌产生。综合以上纯CO_2体系的催化结果，我们发现在双金属Ni/Mg–MOF–74中，Mg^{2+}含量的增加有利于甲酸的产生。

表5–6　在有和没有Mg–MOF–74作为催化剂时，照射0.5 h所产生的催化结果。

催化条件	$HCOO^-$ /mmol	CO/mmol	H_2 /mmol
不加入Mg–MOF–74	~ 0	0.51	3.01
加入Mg–MOF–74	~ 0	0.48	2.35

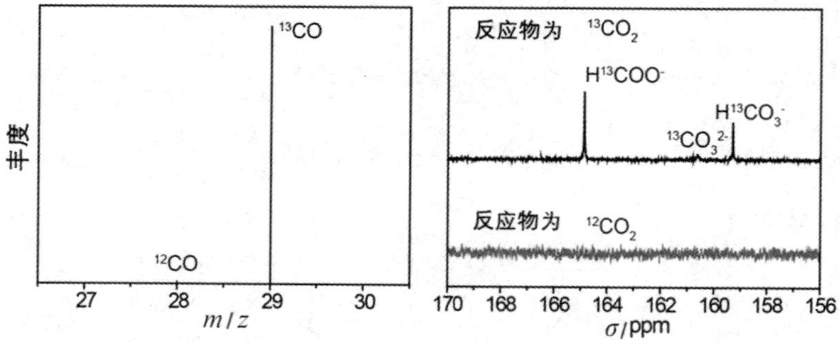

（a）^{13}CO的碳源　　（b）^{13}CNMR图谱

图5–6　用$Ni_{0.75}Mg_{0.25}$–MOF–74作为催化剂，（a）GC–MS显示了$^{13}CO_2$同位素实验中产生的^{13}CO的碳源；（b）分别与$^{13}CO_2$和$^{12}CO_2$反应，液相的^{13}C NMR图谱

为了验证反应产物中的碳源，我们使用同位素标记的$^{13}CO_2$作为反应物进行光催化还原实验。通过气相色谱–质谱仪（GC–MS）和^{13}C NMR测试手段分别对还原产物^{13}CO和$H^{13}COO^-$中碳的来源进行了表征分析。GC–MS的测试结果表明，丰度为99.3%的$m/z = 29$处的峰可以归属于^{13}CO［图5–6（a）］，这证实了还原产物CO的碳源来自于反应物CO_2。当同位素标记的$^{13}CO_2$作为反应物时，^{13}C NMR谱图在164.8、160.6和159.3 ppm处有明显的峰出现，并且这些峰分别属于$H^{13}COO^-$、$^{13}CO_3^{2-}$和$H^{13}CO_3^-$［图5-6（b）］[40]，而用$^{12}CO_2$作为反应物时没有检测到这些峰的信号，这表明还原产物$HCOO^-$中的碳也来源于CO_2。综合同位素标记实验的结果可知，CO_2光催化还原产生了CO和$HCOO^-$。

由于CO_2光催化还原反应的稳定性对于光催化技术的实际应用至关重要，因此我们对双金属催化剂$Ni_{0.75}Mg_{0.25}$-MOF-74在反应体系中的稳定性进行了研究。图5-7（a）所示为CO_2光催化还原产物CO和$HCOO^-$依赖时间的产量变化曲线。由图可知，随着反应时间的延长，还原产物CO和$HCOO^-$的产量具有线性增长的趋势。这表明在一定的反应时间内，双金属$Ni_{0.75}Mg_{0.25}$-MOF-74催化剂的催化活性不会随着反应时间的增加而减弱。图5-7（b）所示的是副产物H_2的产量变化趋势。由催化结果可知，产量也基本遵循线性增长趋势。综合CO、$HCOO^-$和副产物H_2的产量变化趋势，我们认为在4 h的催化反应时间内双金属$Ni_{0.75}Mg_{0.25}$-MOF-74催化剂仍然保持良好的化学稳定性。

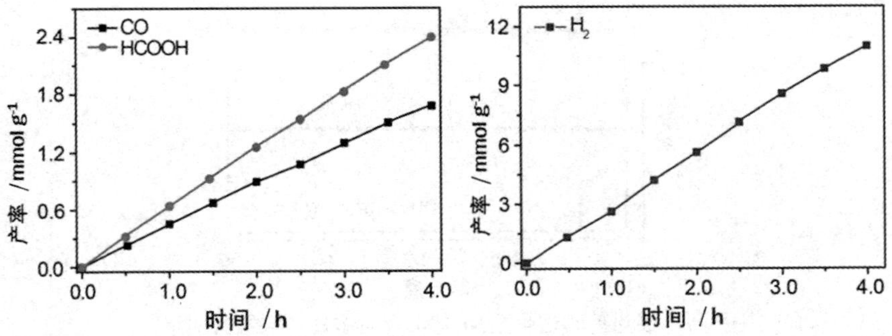

（a）CO和$HCOO^-$　　（b）H_2

图5-7　用$Ni_{0.75}Mg_{0.25}$-MOF-74作为催化剂，各种产物的时间依赖产量图

为了进一步验证催化剂的稳定性，我们进行了循环实验、反应前后催化剂的PXRD和光学显微镜图像的表征。如图5-8所示，以双金属$Ni_{0.75}Mg_{0.25}$-MOF-74为催化剂，在CO_2光催化还原的循环实验中，气体还原产物CO的产量波动不明显，液相还原产物$HCOO^-$的波动也仅在1%左右，副产物H_2的产量整体波动在4%以内。随后，我们对CO_2光催化还原反应后的催化剂进行了表征。图5-9所示为双金属$Ni_{0.75}Mg_{0.25}$-MOF-74催化剂在光催化反应前后的PXRD。由PXRD图谱可知，反应前后的双金属$Ni_{0.75}Mg_{0.25}$-MOF-74催化剂出峰位置与模拟MOF-74图谱一致。如图5-10所示，在CO_2光催化反应后，双金属$Ni_{0.75}Mg_{0.25}$–MOF–74催化剂的形貌与所制备的样品相似，其尺寸略有减小可能是由于催化过程中的搅拌造成的。以上结果再次说明了双金属$Ni_{0.75}Mg_{0.25}$–MOF–74催化剂在CO_2光催化过程中具有良好的稳定性。

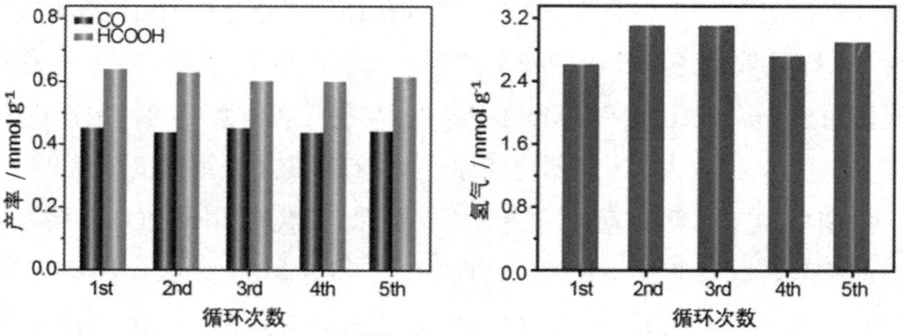

（a）CO和$HCOO^-$　　（b）H_2

图5–8　$Ni_{0.75}Mg_{0.25}$–MOF–74光催化剂在连续五次运行中CO和$HCOO^-$以及相应副产物H_2的循环实验

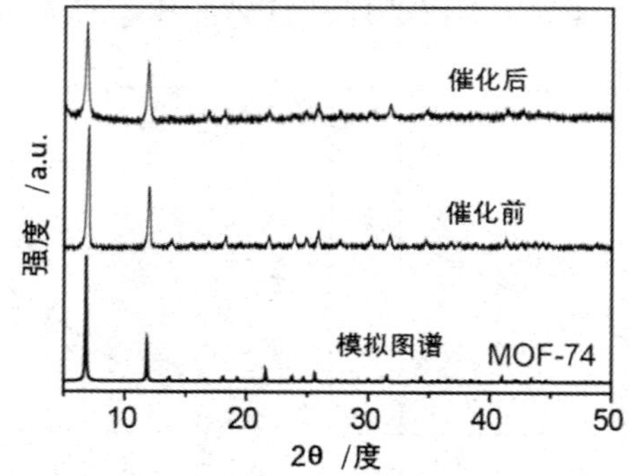

图5–9　催化前和催化后$Ni_{0.75}Mg_{0.25}$–MOF–74的PXRD图

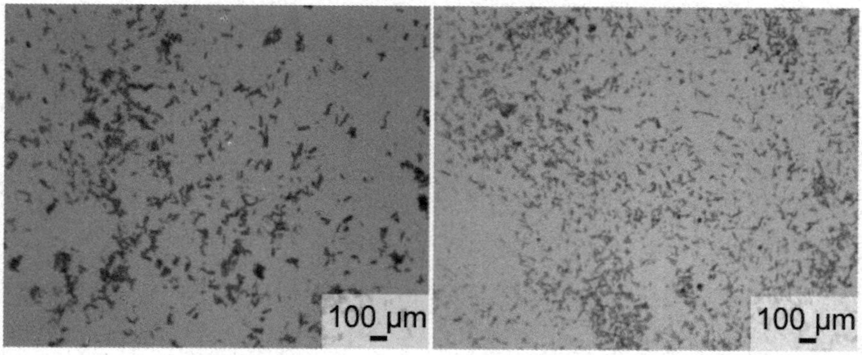

（a）催化前　　（b）催化后

图5–10　$Ni_{0.75}Mg_{0.25}$–MOF–74在显微镜下的图像

在低浓度CO_2和烟道气中Ni/Mg-MOF-74的催化性能研究：双金属Ni/Mg-MOF-74催化剂在低浓度CO_2中的光催化性能是在CO_2含量为20%、15%和5%CO_2/Ar条件下进行测试评估的。如图5-11（a）所示，在20%CO_2/Ar的低浓度CO_2催化体系中，还原产物CO的产率为0.25 mmol/（h·g_{MOF}），占纯的CO_2光催化反应体系中CO产率［0.46 mmol/（h·g_{MOF}）］的一半以上。在15%CO_2/Ar和5%CO_2/Ar的低浓度CO_2光催化体系中，还原产物CO的产率分别为0.15 mmol/（h·g_{MOF}）和0.10 mmol/（h·g_{MOF}），与20%CO_2/Ar催化体系中CO产率相比，分别下降了40%和60%（表5-7）。最重要的是，即使在催化反应体系中CO_2浓度低至5%，液相还原产物$HCOO^-$的产率仍保持为0.53 mmol/（h·g_{MOF}），这个产率是100%CO_2浓度下甲酸产率［0.64 mmol/（h·g_{MOF}）］的83%。在已报道的CO_2光催化还原体系中，液相还原产物$HCOO^-$的反应体系很少；而在极低CO_2浓度（5%CO_2/Ar）的催化还原条件下，液相产物$HCOO^-$保持如此高的产率，这种情况更为少见的。图5-11（b）所示为副产物H_2在低浓度CO_2和模拟烟道气中的变化趋势。由图可知，在低浓度CO_2光催化还原体系中，随着CO_2的浓度从20%降至15%和5%，副产物H_2的产率逐渐下降。对比低浓度CO_2的催化还原数据可知，副产物H_2的下降趋势与还原产物CO类似。这表明还原产物CO和副产物H_2受催化还原体系中CO_2的浓度影响很大。而还原产物CO和$HCOO^-$表现出不同的产率变化趋势，其根本原因在于二者的反应路径不同，我们将在后续的理论计算部分进行详细阐明和讨论。

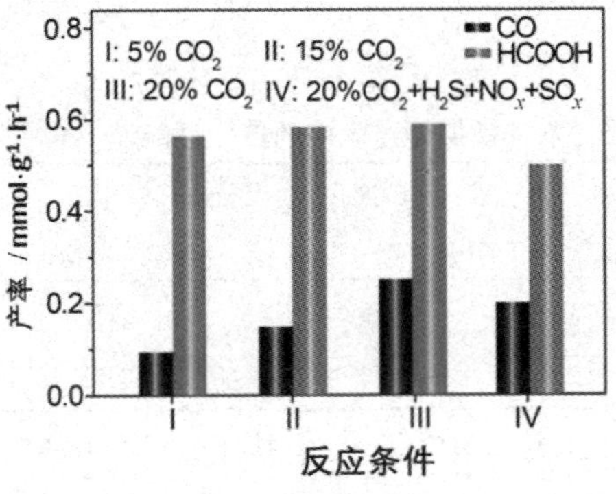

（a）光催还原性能

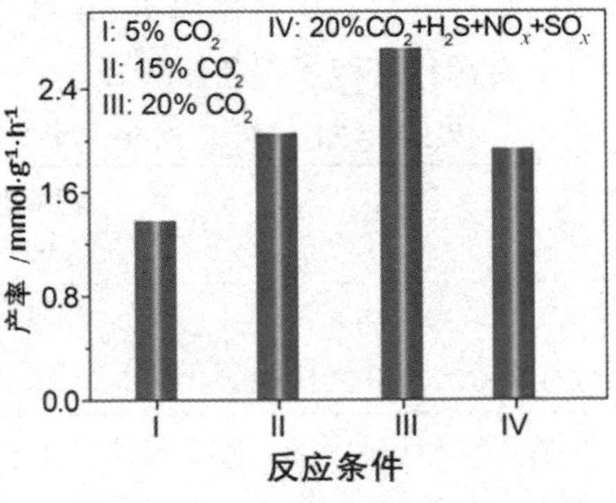

（b）H_2的产量

图5-11　CO和$HCOO^-$的CO_2光催化还原性能和相应副产物H_2的产量

表5-7　$Ni_{0.75}Mg_{0.25}$-MOF-74作为催化剂在低浓度CO_2中的催化性能

反应条件	$HCOO^-$/($mmol\cdot h^{-1}\cdot g_{MOF}^{-1}$)	CO/($mmol\cdot h^{-1}\cdot g_{MOF}^{-1}$)	H_2/($mmol\cdot h^{-1}\cdot g_{MOF}^{-1}$)
100% CO_2	0.64	0.46	2.61
20% CO_2/Ar	0.59	0.25	2.70
15% CO_2/Ar	0.56	0.15	2.05
5% CO_2/Ar	0.53	0.10	1.37

为了模拟工业废气中低浓度CO_2的催化性能，我们对双金属Ni/Mg-MOF-74催化剂在模拟烟气中的催化活性进行了研究。在含有H_2S（0.2%）、SO_x（0.2%）、NO_x（0.2%）、CO_2（20%）和N_2（约79%）的模拟烟道气中，双金属$Ni_{0.75}Mg_{0.25}$-MOF-74催化剂的CO_2光催化还原活性如图5-11和表5-8所示。在可见光照射下，还原产物CO和$HCOO^-$的产率分别达到0.23和0.52 mmol/（h · g_{MOF}）。与20%CO_2低浓度反应体系中的$HCOO^-$产率［0.59 mmol/（h · g_{MOF}）］相比，在模拟烟道气中，液相还原产物$HCOO^-$的产率［0.52 mmol/（h · g_{MOF}）］仅降低13%。我们猜测$HCOO^-$产率的降低可能主要是由于H_2S、SO_x和NO_x、CO_2之间的竞争性吸附导致的[47-49]。此外，与纯的CO_2光催化反应条件下$HCOO^-$的产率［0.64 mmol/（h · g_{MOF}）］相比，在模拟烟道气中，液相产物$HCOO^-$的产率维持在约80%。值得注意的是，该产率与100%CO_2浓度下最优MOF基催化剂的产率基本一致[42-43，50]。综合以上结果可知，双金属Ni/Mg-MOF-74不仅克服了低浓度CO_2催化的限制，而且对烟道气中的其他气体成分具有良好的抗干扰性。总之，即使在模拟工业废气的严苛条件下，我们的双金属催化剂Ni/Mg-MOF-74仍具有良好的催化性能，这为工业废气的资源化开辟了一条新途径。

表5-8　$Ni_{0.75}Mg_{0.25}$-MOF-74作为催化剂在模拟烟道气中的催化性能

反应条件	$HCOO^-$/($mmol\cdot h^{-1}\cdot g_{MOF}^{-1}$)	CO/($mmol\cdot h^{-1}\cdot g_{MOF}^{-1}$)	H_2/($mmol\cdot h^{-1}\cdot g_{MOF}^{-1}$)
20% CO_2/Ar	0.59	0.25	2.70
20%CO_2/N_2+0.2%H_2S+0.2%NO_x+0.2% SO_x	0.52	0.23	2.40

在模拟烟道气催化体系中，H_2S、SO_x和NO_x不仅干扰双金属Ni/Mg-MOF-74多孔催化剂对CO_2气体分子的吸附，而且对光敏剂（［Ru（bpy）$_3$］Cl_2）也可能产生不利影响。为了说明模拟烟道气中H_2S、SO_x和NO_x气体分子对光敏剂［Ru（bpy）$_3$］Cl_2本身性能造成的影响，我们仅在CO_2催化还原反

应体系中加入光敏剂（不加催化剂），然后测试光催化反应中产物的变化情况。我们首先在20% CO_2/N_2的体系中分别加入0.2% H_2S、0.2% NO_x、0.2% SO_x或0.2% H_2S + 0.2% NO_x + 0.2% SO_x，然后进行CO_2光催化还原反应。待光催化反应结束后，我们对四个不同催化体系的催化产物CO和H_2进行分析。图5–12所示为产物CO和H_2的产率变化情况。以100%CO_2光催化体系作为参考，加入0.2% H_2S气体后，CO和H_2的产率基本没有变化；分别加入0.2% NO_x和0.2% SO_x后，CO和H_2的产率都有所下降；当加入0.2% H_2S + 0.2% NO_x + 0.2% SO_x时，CO和H_2的产率与0.2% NO_x体系相近。根据测试结果可知，气体H_2S对光敏剂的性能没有影响，NO_x和SO_x对反应有较大负面影响。我们猜测可能由于烟道气对光敏剂的吸光性能或稳定性有破坏作用，从而影响光敏剂与催化剂的协作，最终导致双金属$Ni_{0.75}Mg_{0.25}$–MOF–74在模拟烟道气中的性能下降。

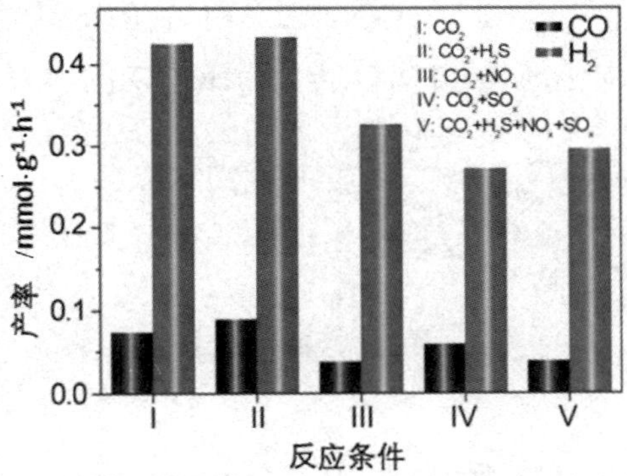

图5–12　CO和H_2的产率变化情况

理论计算与机理研究：为了揭示双金属Ni/Mg–MOF–74在CO_2光催化还原中的优异性能，我们探索了光催化剂的CO_2捕获能力、能级结构和光电流响应情况。首先，为了研究Ni–、$Ni_{0.75}Mg_{0.25}$–和Mg–MOF–74多孔材料的CO_2气体吸附性能，我们测试了它们的CO_2吸附等温线。测试结果表明在298 K时，双金属$Ni_{0.75}Mg_{0.25}$–MOF–74多孔催化剂的CO_2吸收量为110 cm^3/g^{-1}，比Mg–MOF–74（127 cm^3/g）稍低，但比Ni–MOF–74［92 cm^3/g，图5–13（a）］要高。这说明Mg^{2+}引入到Ni–MOF–74中有利于提高双金属Ni/Mg–MOF–74的CO_2吸附性能。同时，优异的CO_2气体吸附性能为CO_2光催化还原反应奠定了重要基础。然后，我们结合双金属$Ni_{0.75}Mg_{0.25}$–MOF–74多孔材料的固体紫外漫反射光谱［图5–13（b）］得到其Tauc图，并由此图计算出它的带隙为2.59 eV［图5–13

（c）］。我们通过Mott-Schottky表征方法对双金属$Ni_{0.75}Mg_{0.25}$-MOF-74的平带势能进行了研究，并在500 Hz、1 000 Hz和1 500 Hz的条件下对其进行了测试［图5-13（d）］。需要指出的是，Mott-Schottky测试所得曲线斜率的正负与半导体的类型有关，并且测试所得曲线的截距与频率大小无关。当Mott-Schottky测试所得曲线的斜率为正时，这说明被测试的材料属于典型的n-型半导体[51]。根据三个曲线的切线交点，我们得到双金属$Ni_{0.75}Mg_{0.25}$-MOF-74多孔材料的平带电势相对于Ag/AgCl为-0.85 V，即-0.65 V *vs.* NHE。由于n-型半导体导带边缘的势能比平带电势更负0.1 eV左右[52]，因此$Ni_{0.75}Mg_{0.25}$-MOF-74的导带最小值（CBM）为-0.75 V *vs.* NHE。再结合$Ni_{0.75}Mg_{0.25}$-MOF-74多孔材料的带隙大小（2.59 eV），可以得知其价带最大值（VBM）为1.84 V *vs.* NHE。双金属$Ni_{0.75}Mg_{0.25}$-MOF-74的CBM（-0.75 V *vs.* NHE）高于E（CO_2/$HCOO^-$）= -0.61 V *vs.* NHE[68]的氧化还原电势，这表明双金属$Ni_{0.75}Mg_{0.25}$-MOF-74催化剂具有将CO_2转化为$HCOO^-$的潜力。

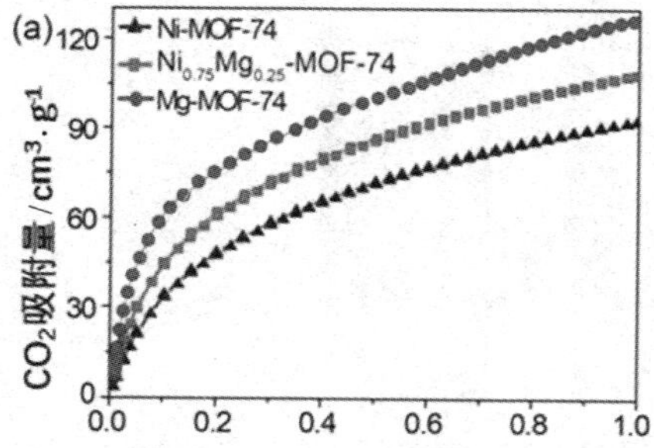

（a）Ni-、$Ni_{0.75}Mg_{0.25}$-和Mg-MOF-74材料的CO_2吸附等温线（298 K，0至1 atm）

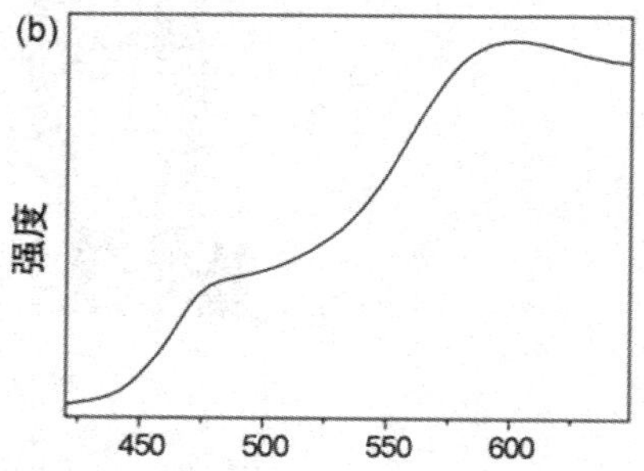

（b）$Ni_{0.75}Mg_{0.25}$-MOF-74的紫外-可见吸收光谱

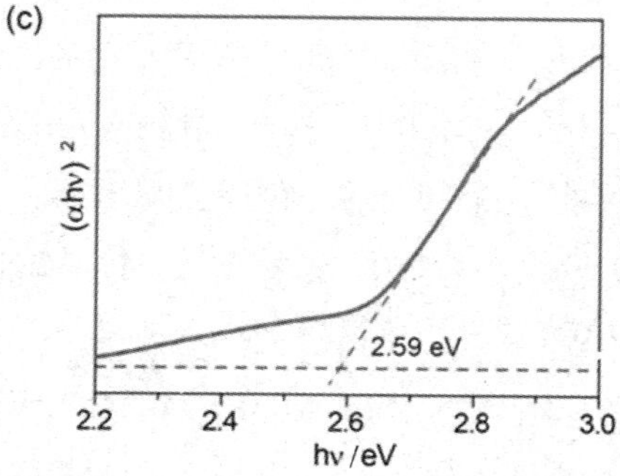

（c）$Ni_{0.75}Mg_{0.25}$-MOF-74用于带隙计算的Tauc图

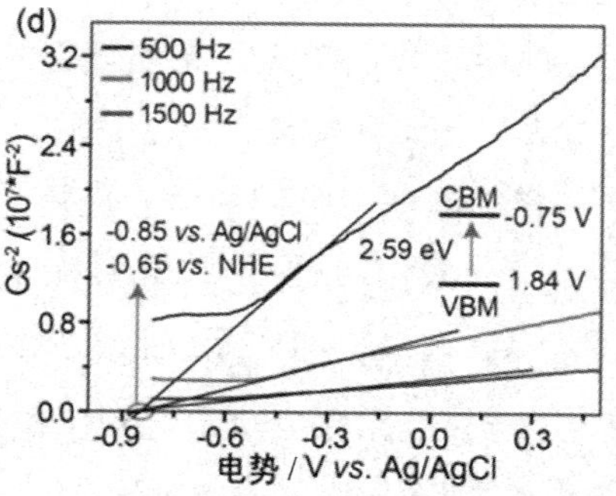

（d）$Ni_{0.75}Mg_{0.25}$-MOF-74在0.2 mol/L Na_2SO_4水溶液（pH=6.8）中的Mott-Schottky图

图5-13　$Ni_{0.75}Mg_{0.25}$-MOF-74的HOMO和LUMO能级的能量图

为了掌握CO_2光催化还原体系中电荷转移情况，我们在开路电压下采用瞬态光电流表征研究了多孔Ni–、$Ni_{0.75}Mg_{0.25}$–和Mg–MOF–74催化剂的光电流响应情况。我们首先制备了三种多孔材料的光电极，通过截面SEM图像确定了光电极截面的厚度。如图5–14（a）所示，以双金属$Ni_{0.75}Mg_{0.25}$–MOF–74光电极为例，其光电极截面厚度约为8 μm。然后，我们用带有CUT 420 nm滤光片的氙灯Xe–300作为光源，分别在黑暗和光照的条件下收集光电极样品的光电流变化情况。如图5–14（b）所示，双金属$Ni_{0.75}Mg_{0.25}$–MOF–74光电极的光电流密度在光照过程中迅速升高至0.10 μ A/cm^2，在黑暗条件下急剧下降至0 μA/cm^2，并可以连续稳定地重复此过程。同样地，单金属Ni–或Mg–MOF–74光电极在光照/黑暗条件下具有类似的变化趋势，但是它们的光电流密度比双金属$Ni_{0.75}Mg_{0.25}$–MOF–74光电极的更低一些。这再一次阐明了混合金属策略可以提高催化体系中的电荷分离效率。

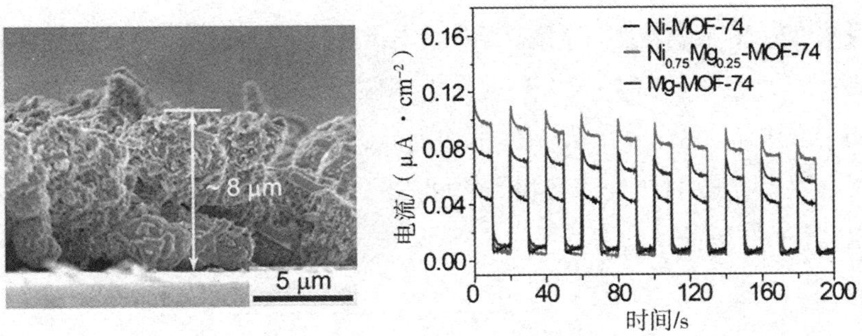

（a）$Ni_{0.75}Mg_{0.25}$–MOF–74光电极薄膜的SEM横截面图像　（b）Ni–、$Ni_{0.75}Mg_{0.25}$–和Mg–MOF–74材料的*I*–*t*曲线

图5–14　SEM横截面图像与*I*-*t*曲线

为了进一步探究双金属Ni/Mg–MOF–74催化剂将CO_2光催化还原为甲酸和CO的根本原因，我们进行了密度泛函理论（DFT）计算。在CO_2催化还原过程中，科研工作者普遍认为还原产物HCOOH和CO是通过两种不同的反应路径产生的，并且CO_2的质子化过程是整个催化反应中的速率决定步骤[53]。具体来说，在产生液相还原产物甲酸的过程中，*OCHO为关键的中间态物质，其中左端的氧原子吸附在催化剂的活性位点上；在生成还原产物CO的过程中，*COOH为关键的中间态物质，其中碳原子连接到催化剂表面的活性位点上。

当双金属$Ni_{0.75}Mg_{0.25}$–MOF–74将CO_2光催化还原为液相产物HCOOH时，反应路径如图5–15所示。通过理论计算可知，Mg位点对CO_2分子的吸附能为–0.41 eV［与图5–17（a）中单金属Mg–MOF–74的CO_2吸附能相等］，而Ni位点对CO_2的吸附能为–0.08 eV［与图5–17（b）中单金属Ni–MOF–74的CO_2吸附能相等］。由于CO_2在Mg位点上的结合力（–0.41 eV）远远高于Ni位点（–0.08 eV），因此CO_2气体分子更倾向于吸附在双金属Ni/Mg–MOF–74的Mg位点上，形成$^*CO_2$。对于液相产物甲酸来说，中间态的$^*CO_2$质子化为*OCOH，*OCOH中的两个氧原子分别连接着双金属Ni/Mg–MOF–74催化剂中的Ni与Mg，形成了桥连结构，这个过程为整个催化反应的决速步骤；然后中间态产物*OCOH发生重排，得到*HCOOH；最后，*HCOOH从催化剂表面脱附，得到甲酸产物。在甲酸产生的过程中，CO_2的中间态物质（$^*CO_2$、*OCOH和*HCOOH）与双金属$Ni_{0.75}Mg_{0.25}$–MOF–74催化剂之间的作用方式如图5–16所示。对于气相产物CO来说，中间态的$^*CO_2$质子化为*COOH，而中间体*COOH只能吸附在单个金属位点（Mg或Ni）上。但是，在Mg位点形成中间体*COOH所需要克服的能垒（1.87 eV）远远高于Ni位点［0.38 eV，与图5–17（b）中单金属Ni–MOF–74的计算结果一样］。因此，当双金属Ni/Mg–MOF–74作为催化剂时，除了光敏剂产生的气相产物CO外，剩余的CO是由一部分吸附在Ni位点的CO_2还原产生的。

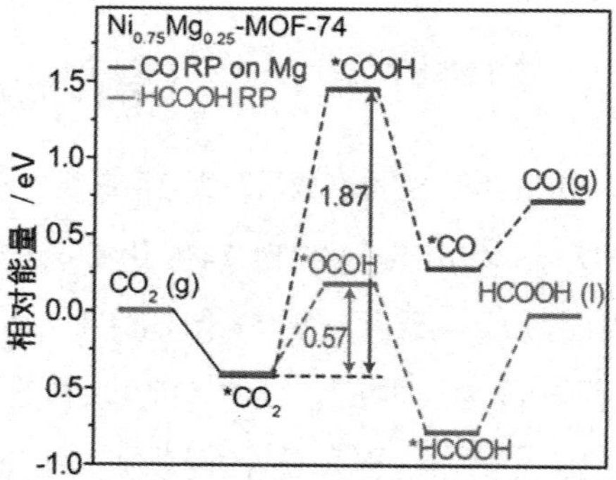

图5–15　基于$Ni_{0.75}Mg_{0.25}$–MOF–74的光催化CO_2还原反应路径计算结果（RP：反应路径）

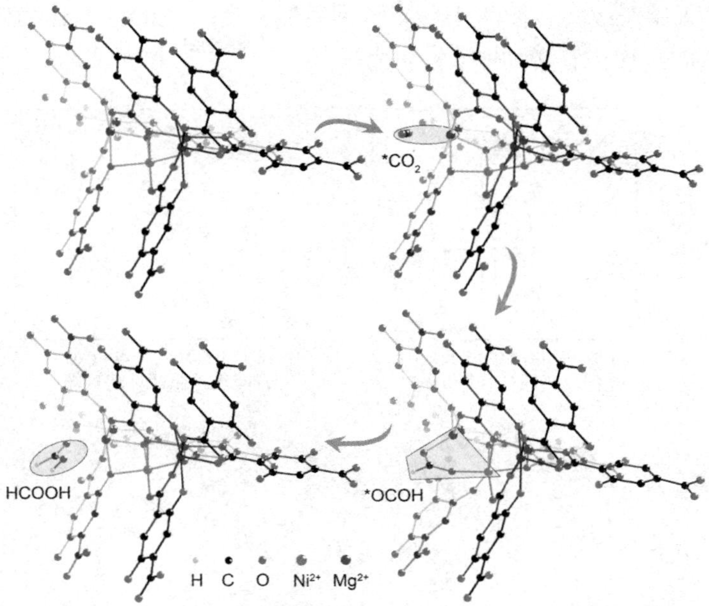

图5–16　$Ni_{0.75}Mg_{0.25}$–MOF–74作为催化剂产生甲酸产物时DFT计算出来的CO_2与催化剂之间的结合构造

为了与双金属$Ni_{0.75}Mg_{0.25}$–MOF–74的催化过程进行对比，我们对单金属Ni–和Mg–MOF–74也进行了理论计算。在以Mg–MOF–74为催化剂的CO_2光还原过程中，气相还原产物CO的反应路径如图5–17（a）所示：气体分子CO_2吸附在Mg位点上，形成中间态$^*CO_2$；然后$^*CO_2$质子化为$^*COOH$，但是由于此决速步骤有特别高的能垒（1.91 eV），所以这个路径很难行得通。同样，液相还原产物甲酸的反应路径也是因为决速步骤的能垒较高（0.74 eV）而无法顺利进行。结合实验数据可知，单金属Mg–MOF–74不能催化产生气相产物CO和液相产物甲酸，这与此处的理论计算相符。

在以Ni–MOF–74为催化剂的CO_2光催化过程中，还原产物的反应路径如图5–17（b）所示。其中气相还原产物CO的反应路径为：气体分子CO_2吸附在Ni位点上，形成中间态$^*CO_2$；而后$^*CO_2$质子化为$^*COOH$，此决速步骤的能垒（0.38 eV）远低于第一条路径（1.91 eV）；然后，$^*COOH$去质子化，得到$^*CO$；最后，$^*CO$从催化剂的表面脱附，得到还原产物CO。液相还原产物甲酸的反应路径为：CO_2分子吸附在Ni位点上，形成$^*CO_2$中间态；然后$^*CO_2$质子化为$^*OCHO$，此决速步骤的能垒为0.49 eV；$^*OCHO$在催化剂的表面发生重排，得到*HCOOH；最后，*HCOOH脱附得到甲酸。当Ni–MOF–74作为催化剂时，CO_2与Ni之间的作用方式如图5–17c所示。

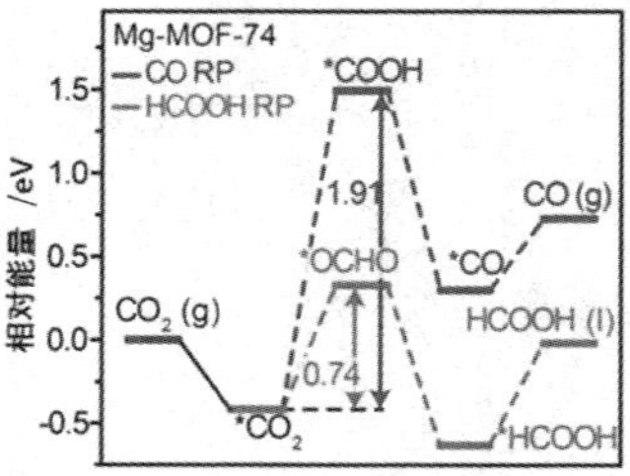

（a）基于Mg–MOF–74的CO_2光催化还原计算能量图

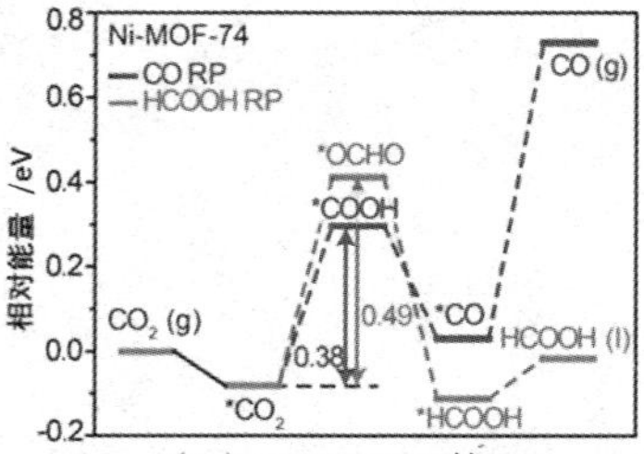

（b）Ni-MOF-74的CO_2光催化还原计算能量图

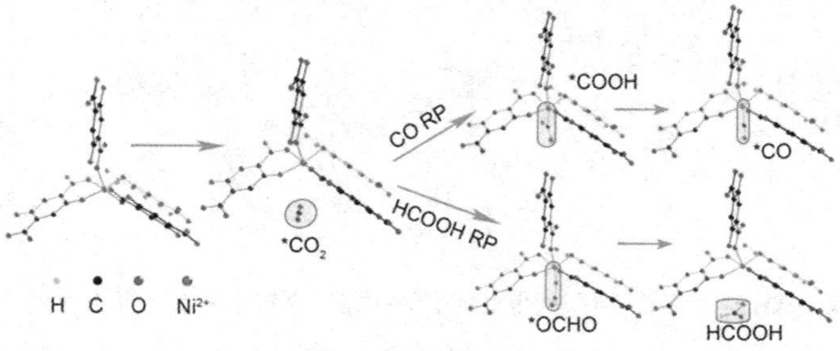

（c）DFT衍生出在Ni–MOF–74上CO_2的结合结构，以产生CO和甲酸盐

图5–17　基于Mg–MOF–74和Ni–MOF–74的CO_2光催化还原计算能量图

由实验结果可知，双金属$Ni_{0.75}Mg_{0.25}$–MOF–74催化剂在低浓度CO_2和烟道气的反应体系中都具有高的甲酸产率，我们将综合以上的计算结果对此进行分析。首先，CO_2分子吸附在双金属Ni/Mg–MOF–74的Mg位点上，形成中间体$^*CO_2$；然后，关键性的中间态产物*OCOH可以通过两个氧原子分别与Mg和相邻的Ni原子相互作用形成桥状结构［图5–18（a）］，此决速步骤的能垒为0.57 eV。为了更好地进行比较，图5–18（b）中展示了Mg–MOF–74作为催化剂时中间态*OCHO的构型，此决速步骤的能垒高达0.74 eV，比双金属$Ni_{0.75}Mg_{0.25}$–MOF–74增加了约30%。因为与Mg^{2+}/Mg^{+}相比，Ni^{2+}/Ni^{+}的还原电位要小得多[54]，因此，Ni^{2+}位点往往是CO_2的还原位点。综上，双金属Ni/Mg–MOF–74催化剂在低浓度CO_2和烟道气中产生高产率的甲酸，原因有两个方面：①Mg节点增强了CO_2吸附量；②Mg和Ni的协同作用可以稳定还原产物甲酸的关键中间体（*OCOH）。同样，这也解释了为什么甲酸可以在低浓度CO_2条件下保持高的产率，而CO产率却下降很多。

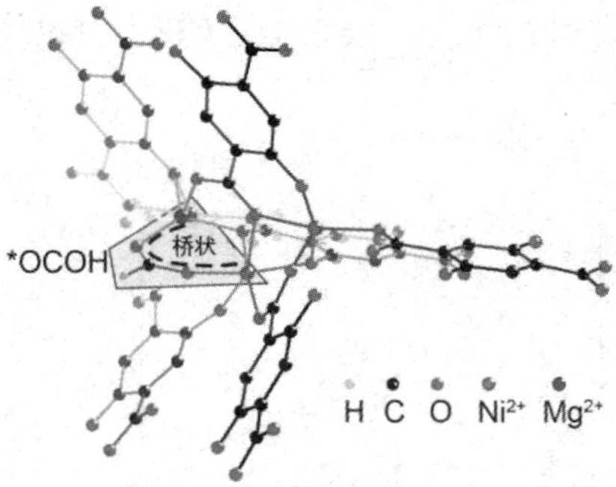

（a）计算出的*OCOH在Ni/Mg-MOF-74上的吸附结构为桥状结构

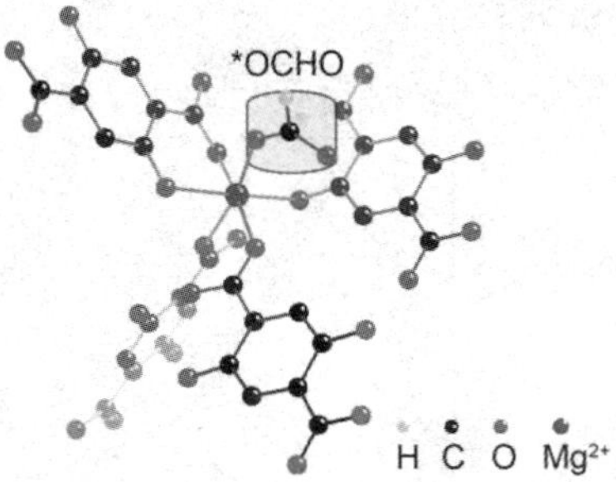

（b）*OCHO在Mg-MOF-74上的吸附构型

图5-18　吸附结构与构型

为了掌握CO_2光催化还原过程中的猝灭机理，我们对乙腈溶液中的光敏剂［Ru(bpy)$_3$］Cl_2进行了光致发光的研究。首先，我们向含有光敏剂的乙腈溶液中逐次加入TEOA，由图5-19（a）可知光敏剂［Ru(bpy)$_3$］Cl_2的发光强度基本没有发生变化。相反地，随着双金属$Ni_{0.75}Mg_{0.25}$-MOF-74催化剂加入量的增多，光敏剂［Ru(bpy)$_3$］Cl_2的发光强度逐渐减弱［图5-19（b）］。上述的测试结果表明激发态的［Ru(bpy)$_3$］$^{2+}$直接被催化剂$Ni_{0.75}Mg_{0.25}$-MOF-74猝灭，而不是牺牲试剂TEOA。

通过上述的实验结果和理论计算，我们提出了一种可能的CO_2光催化还原反应机理，以更好地解释整个光催化过程中的电子转移。根据文献［55］可知，光敏剂［Ru(bpy)$_3$］Cl_2的最低未占据分子轨道（LUMO）和最高占据分子轨道（HOMO）能级分别为-1.25 V *vs.* NHE和1.24 V *vs.* NHE。而双金属$Ni_{0.75}Mg_{0.25}$-MOF-74催化剂的CBM（-0.75 V *vs.* NHE）低于光敏剂的激发态电势E（Ru（bpy）$_3^{2+*}$/Ru（bpy）$^{3+}$）= -1.09 V *vs.* NHE［56］，因此，双金属$Ni_{0.75}Mg_{0.25}$-MOF-74催化剂可以接受来自光敏剂［Ru（bpy）$_3$］Cl_2的激发电子。又因为双金属$Ni_{0.75}Mg_{0.25}$-MOF-74催化剂具有合适的氧化还原电势，因此其可以用于CO_2光催化还原。图5-19（c）所示为光敏剂［Ru(bpy)$_3$］Cl_2与催化剂$Ni_{0.75}Mg_{0.25}$-MOF-74基于电子转移的能级图。CO_2光催化还原反应的具体过程如图5-19（d）所示：光敏剂［Ru(bpy)$_3$］Cl_2在可见光照射下由基态变成激发态的Ru（bpy）$_3^{2+*}$，该激发态将电子转移到双金属$Ni_{0.75}Mg_{0.25}$-MOF-74催化剂，同时该催化剂高效地将吸附在其表面的CO_2分子还原成$HCOO^-$和CO；与此同时，激发态的Ru(bpy)$_3^{2+*}$失去电子形成氧化态的光敏剂Ru（bpy）$_3^{3+}$［190，301］。随后，牺牲试剂TEOA将电子转移到氧化态的Ru（bpy）$_3^{3+}$，得到基态的Ru（bpy）$_3^{2+}$，这就完成了整个催化过程。

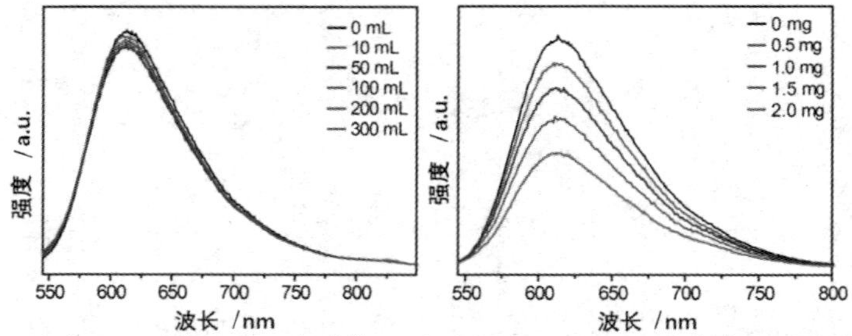

（a）TEOA中［Ru（bpy）$_3$］$^{2+}$（0.25 mM）的发射光谱

（b）$Ni_{0.75}Mg_{0.25}$–MOF–74中［Ru（bpy）$_3$］$^{2+}$（0.25 mM）的发射光谱

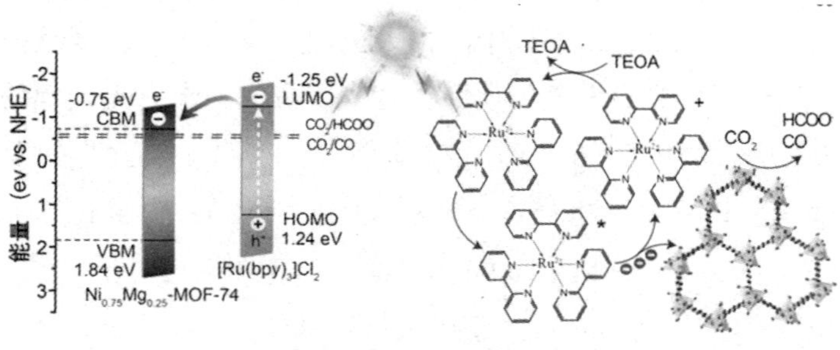

（c）电子从［Ru（bpy）$_3$］Cl_2转移到$Ni_{0.75}Mg_{0.25}$–MOF–74的能级图

（d）光催化CO_2还原的催化机理

图5–19

综上所述，本工作在模拟烟道气的催化反应体系中，以双金属Ni/Mg–MOF–74多孔材料为催化剂，研究了其将低浓度CO_2光催化还原成甲酸盐的催化性能。为了避免DMF等有机溶剂在合成MOF催化剂的时候高温分解为甲酸，并对CO_2光催化还原的液相产物甲酸造成混淆，通过水热法制备了双金属Ni/Mg–MOF–74多孔材料。首先，本作者研究了双金属Ni/Mg–MOF–74催化剂在纯的CO_2光催化体系中的催化性能。结果表明，最优催化剂$Ni_{0.75}Mg_{0.25}$–MOF–74产生液相还原产物$HCOO^-$的产率为0.64 mmol/（h · g_{MOF}），高于单金属Ni–MOF–74［0.29 mmol/（h · g_{MOF}）］和双金属$Ni_{0.87}Mg_{0.13}$–MOF–74［0.54 mmol/（h · g_{MOF}）］，而单金属Mg–MOF–74几乎没有催化活性，这表明催化反应活性取决于金属节点。然后，在模拟烟道气中探索了双金属$Ni_{0.75}Mg_{0.25}$–MOF–74的催化活性，其中液相还原产物$HCOO^-$达到0.52 mmol/（h · g_{MOF}），此时甲酸产率约为纯的CO_2反应体系中的80%。这说明了双金属Ni/Mg–MOF–74催化剂不仅克服了低浓度CO_2的限制，而且对烟道气中的其他气体成分具有良好的抵抗力。DFT计算结果揭示了液相产物$HCOO^-$即使在苛刻的烟道气中仍保持高产率的两个关键因素：①Mg位点与CO_2气体分子之间存在强的结合力；②在双金属Ni/Mg–MOF–74催化剂中，Mg和Ni的协同作用促使桥状的中间体*OCOH具有良好的稳定性和适当的能垒。

2. 简单介绍其他几种双金属MOFs催化剂

Sun等人[20]通过后合成交换法将Ti^{4+}离子嵌入到NH_2–UiO–66–Zr的Zr–O簇中，在不同合成条件下获得一系列具有不同Ti掺杂含量的NH_2–UiO–66–Zr/Ti。该课题组发现将Ti离子引入$Zr_6O_4(OH)_4$的次级构筑单元不仅增强了CO_2的吸附能力，而且还增加了光催化活性位点，这两者都可以解释为什么NH_2–UiO–66–Zr/Ti的光催化性能有所提高。作者提出了以下反应机理：在$(Ti^{4+}/Zr^{4+})_6O_4(OH)_4$次级构筑单元中，光生电子从光激发态的配体转移到更多的Ti^{4+}离子而非Zr^{4+}离子，导致形成激发的$(Ti^{3+}/Zr^{4+})_6O_4(OH)_4$次级构筑单元；这些激发的次级构筑单元中的$Ti^{3+}$离子充当电子供体，将电子转移到$Zr^{4+}$离子，然后形成$Ti^{4+}$–O–$Zr^{3+}$氧桥，这有助于加速界面电荷从激发的配体到Zr–O簇的转移，从而增强NH_2–UiO–66–Zr/Ti的光催化性能。

Lee等人[57]通过后合成交换法将Ti离子嵌入到NH_2–UiO–66–Zr的$Zr_6O_4(OH)_4$次级构筑单元中，并研究了其在乙腈溶剂中用1–苄基–1，4–二氢烟酰胺（BNAH）作牺牲还原剂、TEOA作牺牲剂时，在可见光照射下的光催化CO_2还原的性能。实验表明NH_2–UiO–66–Zr/Ti的周转数（TON，4.66 ± 0.17）高于NH_2–UiO–66–Zr的TON（1.52）。在可见光照射下6 h，NH_2–UiO–66–Zr/Ti作为光催化剂得到22.23 μmol $HCOO^-$，而NH_2–UiO–66–Zr作为光催化剂检测不到$HCOO^-$。催化活性增强归因于通过用Ti离子部分取代$Zr_6O_4(OH)_4$中的Zr离子所得到的双金属簇的氧化还原势能降低，使得配体的光生电子易于被$Zr_{6-x}Ti_xO_4(OH)_4$在可见光照射下接收。

5.3.3　特殊官能团修饰的MOFs用于CO_2光催化还原

除无机金属簇外，官能团化的有机连接基对于改善MOFs材料的CO_2光催化活性也非常重要。氨基改性、光敏剂官能化和富电子共轭有机配体具有宽的光吸收范围、过量的电子密度以及与CO_2的强相互作用，因此可以将这些有机配体用来制备具有高催化活性的MOFs光催化剂。此外，功能化的有机配体是合成新型MOFs材料的有效策略，它们具有更宽的光吸收范围和更高的CO_2吸附量[14，58]。

芳香族多羧酸盐是MOFs中的一类重要连接基，由于其过高的电子密度，它们在光照射下可以迅速产生光诱导电子[59]。将有机官能团（如OH、COOH和NH_2）引入芳族多羧酸盐可增强CO_2分子与这些修饰的连接基之间的相互作用[60]。此外，氨基修饰的连接基使MOF光催化剂具有更宽的光吸收，从而有助于提高光催化活性[61]。

Fu等人[15]用2–氨基对苯二甲酸（NH_2–BDC）取代对苯二甲酸（BDC）后制备出来对紫外光有响应的$Ti_8O_8(OH)_4(NH_2\text{-BDC})_6$（也称为$NH_2$–MIL–125–Ti）光催化剂。XRD表明$NH_2$–MIL–125–Ti和MIL–125–Ti是同构的，说明这种取代不会改变MOF的晶体结构。由于NH_2–BDC连接基的影响，NH_2–MIL–125–Ti的吸收边缘从350 nm转移到550 nm（相对MIL–125–Ti的吸收边缘），表明光吸收范围变宽。除了提高光吸附范围，引入NH_2–BDC连接基的另一个积极作用是增加了CO_2与NH_2–MIL–125–Ti之间的相互作用，并且NH_2–MIL–125–Ti （132.2 cm^3/g）的CO_2吸附能力远高于MIL–125–Ti （98.6 cm^3/g）。在可见光下，以TEOA为牺牲剂，在MeCN溶剂中进行光催化CO_2还原反应，NH_2–MIL–125–Ti产生$HCOO^-$的速率［16.28 μmo/（h · g)］高于MIL–125–Ti［0 μmol/（h · g)］。根据实验结果提出了以下反应机理：光致电子从有机连接基转移到Ti^{4+}离子，然后在TEOA充当电子给体时被还原成Ti^{3+}离子，因此Ti–O簇中的Ti^{4+}–Ti^{3+}间隔电荷转移可以使长寿命的电荷分离状态发生，从而提高了NH_2–MIL–125–Ti的光催化CO_2还原性能。

Sun课题组[19]通过用NH_2–BDC取代UiO–66–Zr中的BDC合成了对可见光响应的NH_2–UiO–66–Zr光催化剂，并认为可以通过增强其光吸收范围和增大CO_2的吸附能力来提高其光催化活性。在可见光照射下10 h，NH_2–UiO–66–Zr产生的$HCOO^-$量达到约13.2 μmol。此外，用连接基（NH_2）$_2$–BDC代替NH_2–BDC可以进一步提高光吸收范围和CO_2吸附能力，从而进一步提高光催化CO_2还原活性（在相同条件下，$HCOO^-$的量达到20.7 μmol），这些实验结果表明氨基数目的增加有益于改善材料的光催化活性。Lee课题组[57]通过使用少量（NH_2）$_2$–BDC作为共配体引入NH_2–UiO–66–Zr或NH_2–UiO–66–Zr/Ti［图5–20（a）］制备了（NH_2）$_2$–UiO–66–Zr和（NH_2）$_2$–UiO–66–Zr/Ti光催化剂，并确认氨基数目的增加使能带结构增加新能级、光吸收范围变宽，从而导致光催化活性提高。（NH_2）$_2$–UiO–66–Zr/Ti的TON高于母体NH_2–UiO–66–Zr/Ti［图5–20（b）］。（NH_2）$_2$–UiO–66–Zr/Ti的紫外可见光谱在503和748 nm处显示两个吸收峰，而NH_2–UiO–66–Zr/Ti在464 nm处仅显示一个吸收峰［图5–20（c）］。如图5–20d，（NH_2）$_2$–UiO–66–Zr/Ti的能带图表明这个材料具有两个不同的导带，这比NH_2–UiO–66–Zr/Ti中的单个导带更合适向CO_2转移电子。

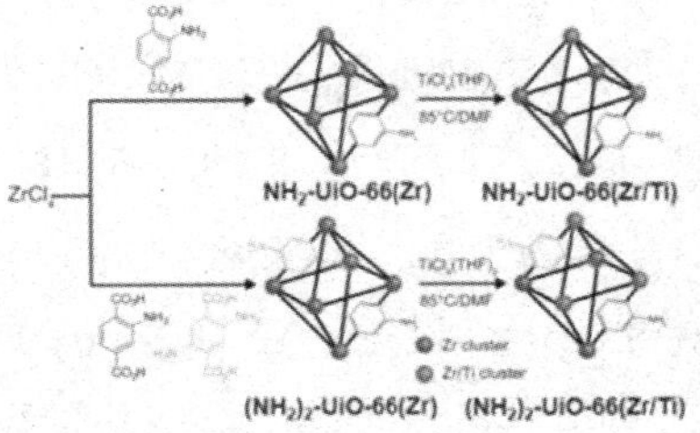

（a）合成（NH_2）$_2$–UiO–66–Zr以获得混合金属（NH_2）$_2$–UiO–66–Zr/Ti

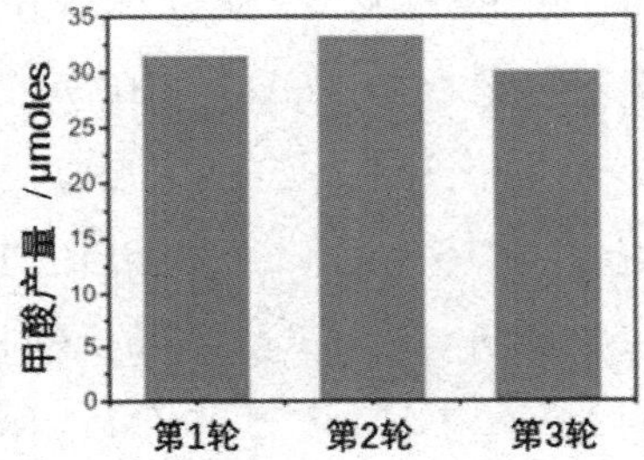

（b）（NH_2）$_2$–UiO–66–Zr/Ti作为催化剂进行循环实验。每次循环后回收样品，并在相同的反应条件下重复使用

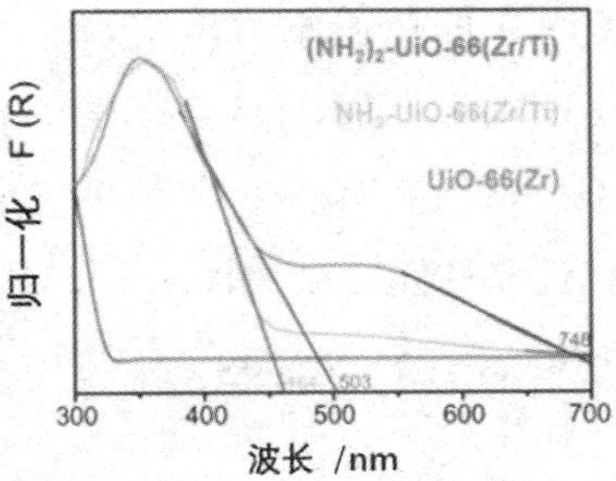

（c）UiO–66–Zr、NH_2–UiO–66–Zr和（NH_2）$_2$–UiO–66–Zr/Ti的紫外–可见漫反射光谱

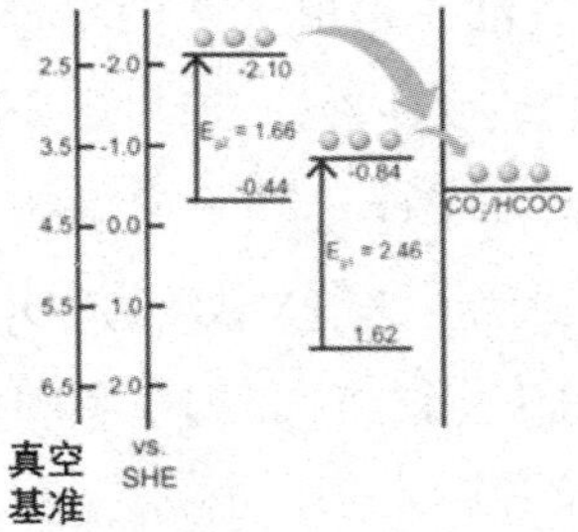

（d）（NH_2）$_2$–UiO–66–Zr/Ti的能带结构

图5–20

5.3.4　光敏剂修饰的MOFs用于CO_2光催化还原

过渡金属联吡啶配合物光敏剂（例如，Re^{I}（CO）$_3$（bpy）X配合物，其中bpy = 2，2′–联吡啶、X =卤化物）对CO_2光催化还原具有很高的选择性和活性，但在光照下它们的分解是不可避免的[62]。将此类光敏剂嵌入到MOFs中不仅可以提高其稳定性，而且它们可以充当MOFs骨架中的光捕获和催化中心。具有bpy单元的2，2′–联吡啶–5，5′–二羧酸（5，5′–dcbpy）和2，

2′-联吡啶-4，4′-二羧酸（4，4′-dcbpy）是构筑光敏剂官能化的MOF光催化剂的理想结构。将这类MOFs用于CO_2光催化还原，不仅是由于其中配体结构与BPDC连接基相似，而且还因为它们与过渡金属羰基配合物的强的配位能力。

新型光敏剂功能化的MOFs光催化剂可以通过金属簇与所得过渡金属衍生的配体或混合配体（过渡金属衍生的配体和BPDC）之间的配位而构建。比如，Wang等人[63]通过Zr^{4+}和Re^{I}（5，5′-dcbpy）（CO）$_3$Cl、BPDC混合连接基得到$Zr_6O_4(OH)_4(BPDC)_{6-x}$[Re(5, 5′-dcbpy)(CO)$_3$Cl]$_x$。将其用于$CO_2$光催化还原，在TEA为牺牲剂、乙腈为溶剂的反应体系中，用可见光照射20 h后，产物CO的TON约为7.0，此催化剂的TON高于Re^{I}（5，5′-dcbpy）（CO）$_3$Cl的TON（约3.5）。最近，Y［Ir（ppy）$_2$（4，4′-dcbpy）］$_2$［OH］[64]、{Cd_2［Ru（4，4′-dcbpy）$_3$］$_{12}H_2O$}$_n$[65]和{Cd［Ru（bpy）（4，4′-dcbpy）$_2$］$_3H_2O$}$_n$[66]等许多光敏剂功能化的MOFs光催化剂是通过相同的策略设计和合成的。与它们对应的过渡金属衍生的配体相比，它们都表现出了高的稳定性和CO_2光催化还原的转化效率。Ryu等人[67]用溶剂热反应将$ZrCl_4$和混合配体（BPDC、（NH_2）$_2$-BPDC和Re^{I}（5，5′-dcbpy）（CO）$_3$Cl）反应，制备了一系列具有多个功能性配体的UiO型MOF，且研究了这些MOFs的CO_2光催化还原性能。结果证明，MOF光催化剂内部的两个近端官能团（NH_2-BPDC和Re^{I}（5，5′-dcbpy）（CO）$_3$Cl）可以起到协同催化CO_2的作用。

通过金属簇和dcbpy配体之间的配位构建含dcbpy的MOF材料，然后通过bpy单元中的N原子与过渡金属羰基配合物中金属中心之间的配位进行功能化，以获得光敏剂官能化的MOF光催化剂[30]。例如，Fei等人[68]使用溶剂热反应法将$ZrCl_4$和5，5′-dcbpy合成含有bpy单元的UiO-67-dcbpy，然后通过MOF中N，N′螯合位点与Mn^{I}（CO）$_5$Br中Mn^{I}中心配位形成功能化的UiO-67-Mn（bpy）（CO）$_3$Br光催化剂。在BNAH和Ru^{II}（4，4′-dcbpy）$_3$存在的情况下，经过20 h的光照射后CO_2转化为$HCOO^-$的周转频率（TOF）和TON分别为118^{-1}、110。

通过配体交换法将MOF中的BPDC配体替换为过渡金属衍生物的配体，以构建光敏剂官能化的MOF光催化剂。Chambers及其同事[69]通过将BPDC连接基的MOF与Cp*Rh（5，5′-dcbpy）Cl进行配体交换制备了Cp*Rh@UiO-67（Cp*=五甲基环戊二烯）MOF光催化剂。含有10%Cp*Rh（5，5′-dcbpy）Cl的Cp*Rh@UiO-67具有较高的TON，但比游离Cp*Rh（5，5′-dcbpy）Cl具有更高的选择性和稳定性。

5.3.5　MOFs复合材料用于CO_2光催化还原

加速光生电荷分离/转移和抑制电荷复合对于提高CO_2光催化还原的效率至关重要[70]。MOF与其他材料的复合可以促使异质结或电子俘获位点的形成，从而使光生电子从一种材料转移到另一种材料，达到电荷的有效分离和催化选择性的提高。将具有光催化还原活性的半导体与具有超高CO_2捕获能力的MOF材料制备成复合光催化剂，这将是提高CO_2光催化活性的有效策略之一。

例如，Wang等人[71]将半导体g-C_3N_4（或CdS）与Co-ZIF-9混合，利用bpy作为辅助电子转移剂、TEOA作为电子给体，然后用于CO_2光还原反应。其中半导体充当光催化主体，MOFs作为助催化剂，结果表明两种混合物显示出比单一组成更高的光催化活性。此外，半导体与MOF材料之间的直接接触可以进一步提高电子转移效率。Yan等人[72]通过原位合成方法制备了具有不同含量Co-ZIF-9的Co-ZIF-9/TiO_2纳米复合材料（表示为ZIFX/T，X为复合物中Co-ZIF-9的质量比）。在所有ZIFX/T纳米复合材料中，$ZIF_{0.03}$/T纳米复合材料在光照10 h后表现出最高的光催化活性（8.79 μmol CO，0.99 μmol CH_4和1.3 μmol H_2）。Liu等人[73]在Zn_2GeO_4纳米棒表面生长ZIF-8纳米颗粒，形成半导体-MOF纳米复合材料用于CO_2光还原。得益于ZIF-8的高CO_2吸附能力，Zn_2GeO_4-ZIF-8纳米复合材料在1个大气压和273 K下显示出15.5 cm^3/g的高CO_2吸收量，并且比纯Zn_2GeO_4纳米棒具有更大的光吸收范围，还原产物CH_3OH的产量提高了62%。

5.5 本章小结

本章首先介绍了金属有机框架（MOFs）的结构性质和制备方法，然后从单金属、双金属、特殊官能团修饰和复合材料等方面概述MOFs在CO_2光催化还原中的应用。其中在双金属MOFs中，引入了本作者在博士期间的工作。本工作从实验药品和主要仪器、材料制备方法、材料表征和催化性能研究等方面进行详细介绍，提高读者对CO_2光催化还原的整体认识和理解。

参考文献

[1] Stock N, Biswas S. Synthesis of metal-organic frameworks (MOFs): routes to various MOF topologies, morphologies, and composites[J]. Chemical Reviews, 2012, 112(2): 933-969.

[2] Xuan W, Zhu C, Liu Y, et al. Mesoporous metal-organic framework materials[J]. Chemical Society Reviews, 2012, 41(5): 1677-1695.

[3] Yaghi O M, O'Keeffe M, Ockwig N W, et al. Reticular synthesis and the design of new materials[J]. Nature, 2003, 423(6941): 705-714.

[4] Qiu S, Zhu G. Molecular engineering for synthesizing novel structures of metal-organic frameworks with multifunctional properties[J]. Coordination Chemistry Reviews, 2009, 253(23-24): 2891-2911.

[5] Elcheikh Mahmoud M, Audi H, Assoud A, et al. Metal-organic eramework photocatalyst incorporating bis(4′ -(4-carboxyphenyl)-terpyridine) ruthenium (II) for visible-light-driven carbon dioxide reduction[J]. Journal of the American Chemical Society, 2019, 141(17): 7115-7121.

[6] Li R, Zhang W, Zhou K. Metal-organic-framework-based catalysts for

photoreduction of CO_2 [J]. Advanced Materials, 2018, 30(35): 1705512.

[7] Férey G. Hybrid porous solids: past, present, future[J]. Chemical Society Reviews, 2008, 37(1): 191-214.

[8] Hoskins B F, Robson R. Design and construction of a new class of scaffolding-like materials comprising infinite polymeric frameworks of 3D-linked molecular rods. A reappraisal of the zinc cyanide and cadmium cyanide structures and the synthesis and structure of the diamond-related frameworks $[N(CH_3)_4][CuIZnII(CN)_4]$ and CuI[4,4',4'',4'''-tetracyanote- traphenylmethane]BF_4. $xC_6H_5NO_2$[J]. Journal of the American Chemical Society, 1990, 112(4): 1546-1554.

[9] Fang Q R, Zhu G S, Jin Z, et al. Mesoporous metal-organic framework with rare etb topology for hydrogen storage and dye assembly[J]. Angewandte Chemie International Edition, 2007, 46(35): 6638-6642.

[10] Jiang Y, Liao J F, Chen H Y, et al. All-Solid-State Z-Scheme α-Fe_2O_3/Amine-RGO/$CsPbBr_3$ hybrids for visible-light-driven photocatalytic CO_2 Reduction [J]. Chem, 2020, 6(3): 766-780.

[11] Chen Y X, Xu Y F, Wang X D, et al. Solvent selection and Pt decoration towards enhanced photocatalytic CO_2 reduction over $CsPbBr_3$ perovskite single crystal[J]. Sustainable Energy & Fuels, 2020, 4(5): 2249-2255.

[12] Zhou L, Xu Y F, Chen B X, et al. Synthesis and photocatalytic application of stable lead-free $Cs_2AgBiBr_6$ perovskite nanocrystals[J]. Small, 2018, 14(11): 1703762.

[13] Nasalevich M A, Becker R, Ramos-Fernandez E V, et al. Co@NH_2-MIL-125 (Ti): cobaloxime-derived metal-organic framework-based composite for light-driven H_2 production[J]. Energy & Environmental Science, 2015, 8(1): 364-375.

[14] Hendon C H, Tiana D, Fontecave M, et al. Engineering the optical response of the titanium-MIL-125 metal-organic framework through ligand functionalization[J]. Journal of the American Chemical Society, 2013, 135(30): 10942-10945.

[15] Fu Y, Sun D, Chen Y, et al. An amine-functionalized titanium metal-

organic framework photocatalyst with visible-light-induced activity for CO_2 reduction[J]. Angewandte Chemie International Edition, 2012, 51(14): 3364-3367.

[16] Cavka J H, Jakobsen S, Olsbye U, et al. A new zirconium inorganic building brick forming metal organic frameworks with exceptional stability[J]. Journal of the American Chemical Society, 2008, 130(42): 13850-13851.

[17] Mondloch J E, Katz M J, Planas N, et al. Are Zr_6-based MOFs water stable? Linker hydrolysis vs. capillary-force-driven channel collapse[J]. Chemical Communications, 2014, 50(64): 8944-8946.

[18] Gomes Silva C, Luz I, Llabres i Xamena F X, et al. Water stable Zr-benzenedicarboxylate metal–organic frameworks as photocatalysts for hydrogen generation[J]. Chemistry–A European Journal, 2010, 16(36): 11133-11138.

[19] Sun D, Fu Y, Liu W, et al. Studies on photocatalytic CO_2 reduction over NH_2-Uio-66 (Zr) and its derivatives: towards a better understanding of photocatalysis on metal-organic frameworks[J]. Chemistry-A European Journal, 2013, 19(42): 14279-14285.

[20] Sun D, Liu W, Qiu M, et al. Introduction of a mediator for enhancing photocatalytic performance via post-synthetic metal exchange in metal-organic frameworks (MOFs)[J]. Chemical Communications, 2015, 51(11): 2056-2059.

[21] Laurier K G M, Vermoortele F, Ameloot R, et al. Iron (III)-based metal-organic frameworks as visible light photocatalysts[J]. Journal of the American Chemical Society, 2013, 135(39): 14488-14491.

[22] Wang D, Huang R, Liu W, et al. Fe-based MOFs for photocatalytic CO_2 reduction: role of coordination unsaturated sites and dual excitation pathways[J]. ACS Catalysis, 2014, 4(12): 4254-4260.

[23] Liang W, Babarao R, D' Alessandro D M. Microwave-assisted solvothermal synthesis and optical properties of tagged MIL-140A metal-organic frameworks[J]. Inorganic Chemistry, 2013, 52(22): 12878-12880.

[24] Brozek C K, Dincă M. Ti^{3+}-, $V^{2+/3+}$-, $Cr^{2+/3+}$-, Mn^{2+}-, and Fe^{2+}-substituted MOF-5 and redox reactivity in Cr-and Fe-MOF-5[J]. Journal of the American Chemical Society, 2013, 135(34): 12886-12891.

[25] Lau C H, Babarao R, Hill M R. A route to drastic increase of CO_2 uptake in Zr metal organic framework UiO-66[J]. Chemical Communications, 2013, 49(35): 3634-3636.

[26] Guo S. H., Qi X. J., Zhou H. M., et al. A bimetallic-MOF catalyst for efficient CO_2 photoreduction from simulated flue gas to value-added formate[J]. Journal of Materials Chemistry A, 2020, 8(23), 11712–11718.

[27] Zou L, Hou C C, Liu Z, et al. Superlong single-crystal metal-organic framework nanotubes[J]. Journal of the American Chemical Society, 2018, 140(45): 15393-15401.

[28] Millward A R, Yaghi O M. Metal-organic frameworks with exceptionally high capacity for storage of carbon dioxide at room temperature[J]. Journal of the American Chemical Society, 2005, 127(51): 17998-17999.

[29] Kresse G, Hafner J. Ab initio molecular dynamics for liquid metals[J]. Physical Review B, 1993, 47(1): 558.

[30] Kresse G, Furthmüller J. Efficient iterative schemes for ab initio total-energy calculations using a plane-wave basis set[J]. Physical Review B, 1996, 54(16): 11169.

[31] Kresse G, Furthmüller J. Efficiency of ab-initio total energy calculations for metals and semiconductors using a plane-wave basis set[J]. Computational Materials Science, 1996, 6(1): 15-50.

[32] Perdew J P, Burke K, Ernzerhof M. Generalized gradient approximation made simple[J]. Physical Review Letters, 1996, 77(18): 3865.

[33] Blöchl P E. Projector augmented-wave method[J]. Physical Review B, 1994, 50(24): 17953.

[34] Grimme S, Antony J, Ehrlich S, et al. A consistent and accurate ab initio parametrization of density functional dispersion correction (DFT-D) for the 94 elements H-Pu[J]. The Journal of Chemical Physics, 2010, 132(15): 154104.

[35] Grimme S. Semiempirical GGA-type density functional constructed with a long-range dispersion correction[J]. Journal of Computational Chemistry, 2006, 27(15): 1787-1799.

[36] Takeda H, Koizumi H, Okamoto K, et al. Photocatalytic CO_2 reduction using a Mn complex as a catalyst[J]. Chemical Communications, 2014, 50(12): 1491-1493.

[37] Rosi N L, Kim J, Eddaoudi M, et al. Rod packings and metal-organic frameworks constructed from rod-shaped secondary building units[J]. Journal of the American Chemical Society, 2005, 127(5): 1504-1518.

[38] Chen E X, Qiu M, Zhang Y F, et al. Acid and base resistant zirconium polyphenolate-metalloporphyrin scaffolds for efficient CO_2 photoreduction[J]. Advanced Materials, 2018, 30(2): 1704388.

[39] Sun D, Gao Y, Fu J, et al. Construction of a supported Ru complex on bifunctional MOF-253 for photocatalytic CO_2 reduction under visible light[J]. Chemical Communications, 2015, 51(13): 2645-2648.

[40] Xu H Q, Hu J, Wang D, et al. Visible-light photoreduction of CO_2 in a metal-organic framework: boosting electron-hole separation via electron trap states[J]. Journal of the American Chemical Society, 2015, 137(42): 13440-13443.

[41] Fu Y, Yang H, Du R, et al. Enhanced photocatalytic CO_2 reduction over Co-doped NH_2-MIL-125 (Ti) under visible light[J]. RSC Advances, 2017, 7(68): 42819-42825.

[42] Yan Z H, Du M H, Liu J, et al. Photo-generated dinuclear $\{Eu(II)\}_2$ active sites for selective CO_2 reduction in a photosensitizing metal-organic framework[J]. Nature Communications, 2018, 9(1): 1-9.

[43] Li N, Liu J, Liu J J, et al. Adenine components in biomimetic metal–organic frameworks for efficient CO_2 photoconversion[J]. Angewandte Chemie International Edition, 2019, 131(16): 5280-5285.

[44] Wang D, Huang R, Liu W, et al. Fe-based MOFs for photocatalytic CO_2 reduction: role of coordination unsaturated sites and dual excitation pathways[J]. ACS Catalysis, 2014, 4(12): 4254-4260.

[45] Sun M, Yan S, Sun Y, et al. Enhancement of visible-light-driven CO_2 reduction performance using an amine-functionalized zirconium metal–organic framework[J]. Dalton Transactions, 2018, 47(3): 909-915.

[46] Kajiwara T, Fujii M, Tsujimoto M, et al. Photochemical reduction of low concentrations of CO_2 in a porous coordination polymer with a ruthenium (II)-CO complex[J]. Angewandte Chemie International Edition International Edition, 2016, 55(8): 2697-2700.

[47] Yu K, Kiesling K, Schmidt J R. Trace flue gas contaminants poison coordinatively unsaturated metal-organic frameworks: implications for CO_2 adsorption and separation[J]. The Journal of Physical Chemistry C, 2012, 116(38): 20480-20488.

[48] Lee K, Howe J D, Lin L C, et al. Small-molecule adsorption in open-site metal-organic frameworks: a systematic density functional theory study for rational design[J]. Chemistry of Materials, 2015, 27(3): 668-678.

[49] Tan K, Zuluaga S, Wang H, et al. Interaction of acid gases SO_2 and NO_2 with coordinatively unsaturated metal organic frameworks: M-MOF-74 (M= Zn, Mg, Ni, Co)[J]. Chemistry of Materials, 2017, 29(10): 4227-4235.

[50] Chen D, Xing H, Wang C, et al. Highly efficient visible-light-driven CO_2 reduction to formate by a new anthracene-based zirconium MOF via dual catalytic routes[J]. Journal of Materials Chemistry A, 2016, 4(7): 2657-2662.

[51] Chen W, Han B, Tian C, et al. MOFs-derived ultrathin holey Co_3O_4 nanosheets for enhanced visible light CO_2 reduction[J]. Applied Catalysis B: Environmental, 2019, 244: 996-1003.

[52] Saha S, Das G, Thote J, et al. Photocatalytic metal-organic framework from CdS quantum dot incubated luminescent metallohydrogel[J]. Journal of the American Chemical Society, 2014, 136(42): 14845-14851.

[53] Xu S, Carter E A. Theoretical insights into heterogeneous (photo) electrochemical CO_2 reduction[J]. Chemical Reviews, 2018, 119(11): 6631-6669.

[54] Bratsch S G. Standard electrode potentials and temperature coefficients in water at 298.15 K[J]. Journal of Physical and Chemical Reference Data, 1989, 18(1): 1-21.

[55] Zhao K, Zhao S, Gao C, et al. Metallic cobalt-carbon composite as recyclable and robust magnetic photocatalyst for efficient CO_2 reduction[J]. Small,

2018, 14(33): 1800762.

[56] Creutz C, Sutin N. Electron-transfer reactions of excited states:reductive quenching of the tris (2,2'-bipyridine) ruthenium (II) luminescence[J]. Inorganic Chemistry, 1976, 15(2): 496-499.

[57] Lee Y, Kim S, Kang J K, et al. Photocatalytic CO_2 reduction by a mixed metal (Zr/Ti), mixed ligand metal–organic framework under visible light irradiation[J]. Chemical Communications, 2015, 51(26): 5735-5738.

[58] Li B, Chrzanowski M, Zhang Y, et al. Applications of metal-organic frameworks featuring multi-functional sites[J]. Coordination Chemistry Reviews, 2016, 307: 106-129.

[59] Maina J W, Pozo-Gonzalo C, Kong L, et al. Metal organic framework based catalysts for CO_2 conversion[J]. Materials Horizons, 2017, 4(3): 345-361.

[60] Torrisi A, Bell R G, Mellot-Draznieks C. Functionalized MOFs for enhanced CO_2 capture[J]. Crystal growth & design, 2010, 10(7): 2839-2841.

[61] Nguyen H L, Vu T T, Le D, et al. A titanium-organic framework: engineering of the band-gap energy for photocatalytic property enhancement[J]. ACS Catalysis, 2017, 7(1): 338-342.

[62] Morris A J, Meyer G J, Fujita E. Molecular approaches to the photocatalytic reduction of carbon dioxide for solar fuels[J]. Accounts of Chemical Research, 2009, 42(12): 1983-1994.

[63] Wang C, Xie Z, deKrafft K E, et al. Doping metal-organic frameworks for water oxidation, carbon dioxide reduction, and organic photocatalysis[J]. Journal of the American Chemical Society, 2011, 133(34): 13445-13454.

[64] Li L, Zhang S, Xu L, et al. Effective visible-light driven CO_2 photoreduction via a promising bifunctional iridium coordination polymer[J]. Chemical Science, 2014, 5(10): 3808-3813.

[65] Zhang S, Li L, Zhao S, et al. Hierarchical metal-organic framework nanoflowers for effective CO_2 transformation driven by visible light[J]. Journal of Materials Chemistry A, 2015, 3(30): 15764-15768.

[66] Zhang S, Li L, Zhao S, et al. Construction of interpenetrated ruthenium

metal-organic frameworks as stable photocatalysts for CO_2 reduction[J]. Inorganic Chemistry, 2015, 54(17): 8375-8379.

[67] Ryu U J, Kim S J, Lim H K, et al. Synergistic interaction of Re complex and amine functionalized multiple ligands in metal-organic frameworks for conversion of carbon dioxide[J]. Scientific Reports, 2017, 7(1): 1-8.

[68] Fei H, Sampson M D, Lee Y, et al. Photocatalytic CO_2 reduction to formate using a Mn (I) molecular catalyst in a robust metal-organic framework[J]. Inorganic Chemistry, 2015, 54(14): 6821-6828.

[69] Chambers M B, Wang X, Elgrishi N, et al. Photocatalytic carbon dioxide reduction with rhodium-based ratalysts in solution and heterogenized within metal–organic frameworks[J]. ChemSusChem, 2015, 8(4): 603-608.

[70] Ma Y, Wang X, Jia Y, et al. Titanium dioxide-based nanomaterials for photocatalytic fuel generations[J]. Chemical Reviews, 2014, 114(19): 9987-10043.

[71] Wang S, Wang X. Photocatalytic CO_2 reduction by CdS promoted with a zeolitic imidazolate framework[J]. Applied Catalysis B: Environmental, 2015, 162: 494-500.

[72] Yan S, Ouyang S, Xu H, et al. Co-ZIF-9/TiO_2 nanostructure for superior CO_2 photoreduction activity[J]. Journal of Materials Chemistry A, 2016, 4(39): 15126-15133.

[73] Liu Q, Low Z X, Li L, et al. ZIF-8/Zn_2GeO_4 nanorods with an enhanced CO_2 adsorption property in an aqueous medium for photocatalytic synthesis of liquid fuel[J]. Journal of Materials Chemistry A, 2013, 1(38): 11563-11569.

第6章 卤素钙钛矿用于光催化CO_2还原

与其他半导体催化剂相比，卤素钙钛矿具有长的载流子寿命、低的陷阱密度、长的电子–空穴扩散距离、大的吸收系数和可调节的带隙结构等优异特性。考虑到卤素钙钛矿纳米晶体的这些优势，科研工作者已经将其用于CO_2光催化还原反应中，并取得了显著的成果。

6.1 卤素钙钛矿的结构性质

钙钛矿结构由三个主要离子构成，它们的三维（3D）化学计量比为ABX_3［图6–1（a）和6–2（b）］[1]。对于全无机卤素钙钛矿来说，一价阳离子A是铯（Cs）或铷（Rb），二价阳离子B是铅（Pb）、锡（Sn）或锗（Ge），X是卤素离子氯（Cl）、溴（Br）、碘（I）或它们的组合[2]。而对于有机–无机杂化钙钛矿来说，一价阳离子A是甲铵（MA）或甲脒（FA）[3]。A、B阳离子分别与12和6个X阴离子配位，并形成立方八面体和八面体结构。值得注意的是，基于化学式ABX_3和A、B和X离子半径r_i的戈德施密特公差因子（t）已广泛用于预测钙钛矿结构的稳定性：（$t = r_A + r_X / \sqrt{2(r_B + r_X)}$）[4]。

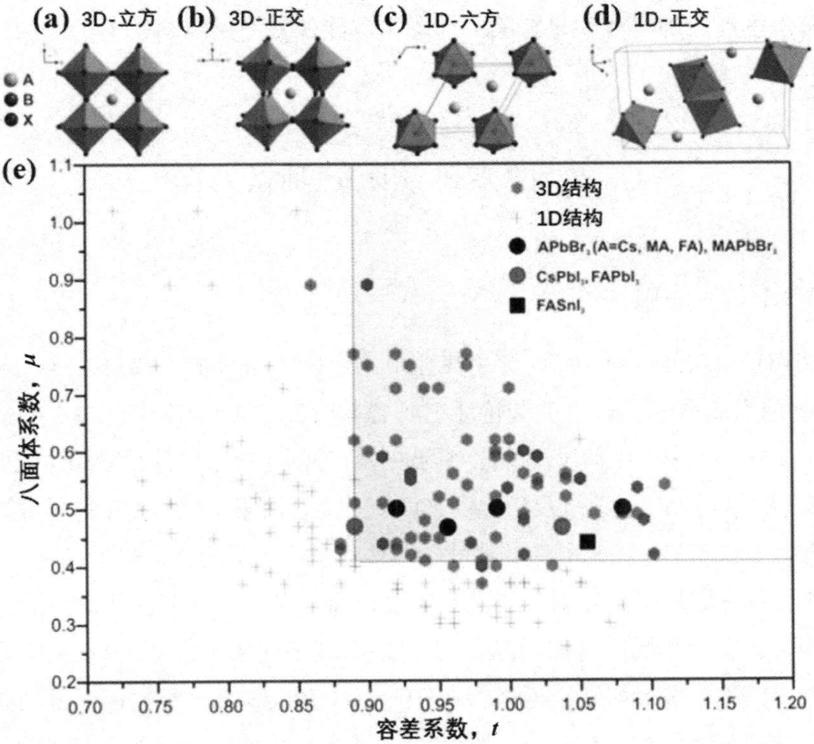

图6–1　（a）从α–$FAPbI_3$中观察到的理想三维立方结构的示意图；（b）通常报道的$CsPbBr_3$的正交畸变3D结构；（c）在$FAPbI_3$的黄色相中发现的一维（1D）六方晶格；以及（d）在$CsPbI_3$的黄色相中发现的1D正交结构。（e）研究了不同的全无机和杂化有机–无机ABX_3化合物的结构。浅蓝色方形区域表示稳定化合物所在的区域[1, 5]

通常，当公差系数t在0.76～1.13的范围内时，会形成稳定的3D钙钛矿结构，而其他与钙钛矿有关的结构在此范围之外是稳定的[6]。因此，仅有限数量的阳离子Cs、MA和FA可产生稳定的卤素钙钛矿结构。公差因子位于边缘的钙钛矿在室温时很容易发生相变，例如$FAPbI_3$（t约为1）和$CsPbI_3$（t约为0.8）分别易变成更稳定的六方相和正交相[图6–1（c）和6–1（d）]。钙钛矿结构还受到八面体系数μ的约束，该系数定义为$\mu = r_B/r_X$，这取决于B和X离子的半径。μ描述BX_6^{2-}八面体的稳定性，μ的稳定性范围在0.442至0.895之间[7]。公差因子t和八面体系数μ目前用于预测新型钙钛矿组合的稳定性[图6–1（e）][5]。大多数的钙钛矿化合物通过离子键结合在一起，这也是即使在低温下也可以很容易合成高度结晶的纳米晶体的原因之一[8]。金属卤素钙钛矿的关键特征之一是它们的缺陷容忍度高，即存在大量缺陷的情况下也能保留原始材料的电子结构。

6.2 卤素钙钛矿的制备方法

6.2.1 热注射法

2015年，Protesescu等人[9]用热注射法（HI）法合成了$CsPbX_3$（X = Cl、Br和I）纳米晶体。通过将油酸铯注射到含有PbX_2（X = Cl、Br、I）的盐溶液（140 ~ 200 ℃）中，他们发现等比例的油胺和油酸导致单分散纳米晶体的形成，并且晶体大小可以通过改变反应温度来调节。混合卤素钙钛矿纳米晶体通过改变卤化物的组成或调整纳米晶体的尺寸，可以在整个可见光谱（410 ~ 700 nm）内精细地调节它们的荧光发射位置。受到混合卤素钙钛矿纳米晶体制备方法的启发，科研工作者开始探索使用混合的A和B阳离子制备可能的ABX_3纳米晶体。例如，2017年，多个课题组通过调节HI合成中的Cs^+和Rb^+的比例，成功制备了$Cs_xRb_{1-x}BX_3$（X = Cl、Br、I）[10-11]。Liu等人[12]和Parobek等人[13]几乎同时报道了用HI法合成Mn^{2+}掺杂的$CsPbCl_3$纳米晶体，并且可以很好地控制掺杂含量。在这两种情况下，在$CsPbX_3$纳米晶体的常规HI法合成中，除$PbCl_2$之外，还加入$MnCl_2$来实现Mn^{2+}离子的掺杂。有趣的是，Mn^{2+}离子掺杂的$CsPbX_3$纳米晶体在环境中的稳定性有所提高[14]。同样地，诸如Ce^{3+}和Bi^{3+}离子之类的杂价掺杂物也引入到了$CsPbBr_3$中[15-16]。

6.2.2 配体辅助再沉淀法

配体辅助再沉淀法是将所需反应物溶解在溶剂中并达到平衡浓度，然后通过改变温度（冷却溶液）、蒸发溶剂或添加离子溶解度低的助溶剂等方式，将原来的溶液变成过饱和的非平衡状态。在这种条件下，反应物会自发发生沉淀和结晶，直到系统再次达到平衡状态[17]。因为该过程是在配体存在下进行的，因此称为“配体辅助再沉淀”（LARP）法，且用此方法合成的晶体可以控制到纳米级。2012年，Papavassiliou等人[18]首次用LARP方法制备了卤素钙钛矿纳米晶体。他们首先在溶解$MAPbX_3$、（MA）–（$CH_3C_6H_4CH_2NH_3$）$_2Pb_2X_7$或（MA）（$C_4H_9NH_3$）$_2Pb_2X_7$（X = Br、Cl或I）的DMF（或乙腈）中滴加相应的甲苯溶液，随后他们观察到了发光的纳米晶体，其尺寸在30 ~ 160 nm范围内，并且荧光强度远高于$MAPbX_3$。然后将这种方法扩展到ABX_3纳米晶体（A = MA、FA或Cs；B = Pb、Sn、Bi或Sb；X = Cl、Br或I），并且实现了对组成、尺寸、形状和晶相的控制。

由于钙钛矿纳米晶体对极性溶剂非常敏感，因此LARP合成中通常使用的极性溶剂（例如DMF）可以很容易降解甚至溶解$CsPbX_3$，尤其是$CsPbI_3$[19]。此外，该方法使用的典型极性溶剂DMF和DMSO沸点高且有一定毒性，因此不适合大规模生产。

6.2.3　间接合成法

除了以上两种常用的合成方法外，金属卤素钙钛矿纳米晶体还可以用两步法合成，其中成核发生在起始胶体中[20-21]。例如，用预先合成的PbI_2纳米晶体作为胶体模板，然后与烷基碘化铵或MAI反应形成2D和3D钙钛矿纳米晶[22]。此外，由于易于合成尺寸可调节的CsX纳米晶体，所以它可以用作单分散胶体前驱体以制备卤素钙钛矿纳米晶体[21]。有趣的是，当CsBr纳米晶与油酸铅反应时，通常CsBr/$CsPbBr_3$核/壳纳米晶体是CsBr转化为$CsPbBr_3$的中间结构。这种间接合成法的潜在优势是可以通过调整CsX纳米晶体的大小来控制最终卤素钙钛矿的大小。

6.3　卤素钙钛矿在光催化CO_2还原中的研究进展

与硫族半导体和金属有机框架等催化材料相比，卤素钙钛矿具有优异的光物理化学和电子传输特性，例如长的载流子寿命和低的陷阱密度、大的吸收系数和可调节的带隙结构，因此这类材料在光电应用中展示出巨大的潜力。如图6–2所示，大多数卤化物钙钛矿的能带位置满足二氧化碳还原的热力学要求，并且已经尝试将其用于CO_2光催化还原的研究中[23]。

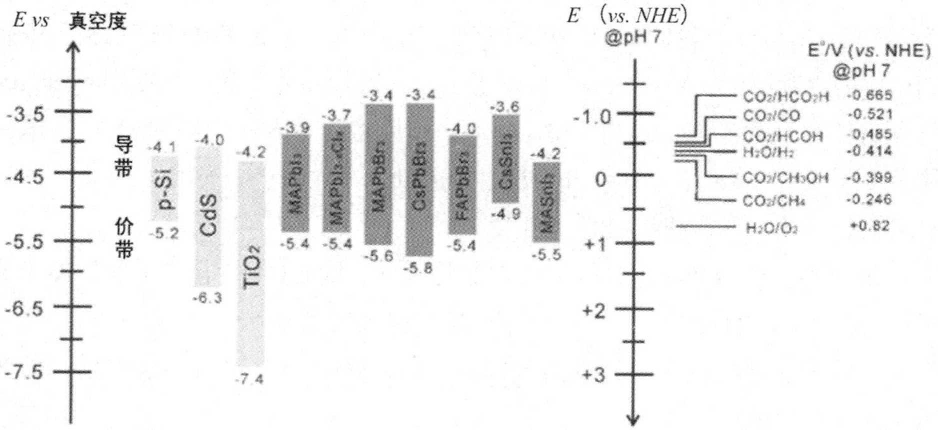

图6-2　用于太阳能到化学燃料转换的代表性半导体（p-Si、CdS、TiO_2）和卤化物钙钛矿的导带（CB）和价带（VB）电势。绘制了pH=7下CO_2和水氧化还原对的相对电势与真空（左）和正常氢电极（NHE）（右）的关系图[23]

6.3.1　混合卤素CsPb（Br/Cl）$_3$钙钛矿纳米颗粒

尽管卤素钙钛矿材料在光催化中表现出巨大的潜力，但基于这些材料的研究仍处于初级阶段，尤其对于CO_2光催化还原而言，催化产物的产率仍然处于较低水平。因此Guo等人采用混合卤素的策略来提高全无机钙钛矿在CO_2光催化还原中的活性[24]，具体示意图如图6-3所示。

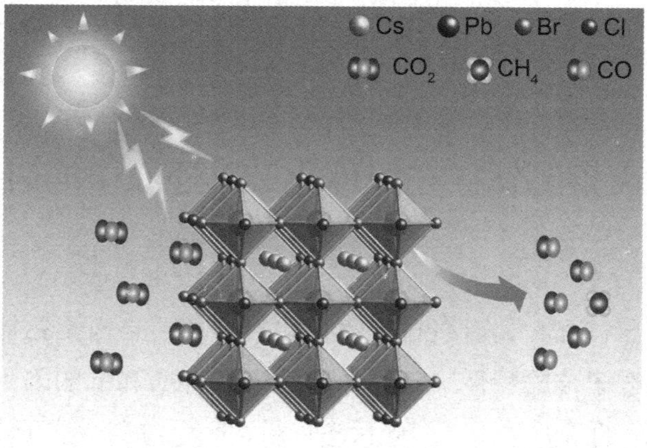

图6-3　在AM 1.5滤光片Xe-300灯照射下，CsPb（Br_x/Cl_{1-x}）$_3$（x = 0.7，0.5，0.3）纳米晶作为催化剂进行光催化CO_2还原的示意图

1. 实验部分

实验药品及主要的仪器：实验所用的主要药品如表6-1所示。无特殊说明，所有药品无需进一步纯化即可使用。实验所用的主要仪器如表6-2所示。

表6-1　实验药品

实验药品	规格	生产厂家
碳酸铯	99%	阿拉丁
溴化铅	99.5%	阿拉丁
氯化铅	99.5%	阿拉丁
三辛基膦（TOP）	97%	阿拉丁
1-十八碳烯（ODE）	工业级90%	阿拉丁
油胺（OAm）	工业级90%	阿拉丁
油酸（OA）	工业级90%	阿尔法艾莎
乙酸乙酯	分析纯	国药集团化学试剂有限公司
己烷	分析纯	国药集团化学试剂有限公司
N，N-二甲基甲酰胺	分析纯	国药集团化学试剂有限公司
甲苯	分析纯	国药集团化学试剂有限公司
己酸	分析纯	阿拉丁
辛胺	分析纯	阿拉丁
六水合（2，2′-联吡啶）三氯化钌（II）	98%	麦克林

表6-2　实验仪器

仪器	型号	生产厂家
天平	AL104	METTLER TOLEDO
磁力加热搅拌器	DF-101S	上海力辰邦西仪器科技有限公司
超声波清洗器	KQ-300E	昆山市超声仪器有限公司
离心机	Sigma 2-16KL	Sigma
真空干燥箱	ZKF030	上海实验仪器厂有限公司

续表

仪器	型号	生产厂家
管式炉	KJ–T1200–60–S6008LK2	郑州科佳电炉有限公司
鼓风干燥箱	9070B	上海培因实验仪器有限公司
X–射线衍射仪	D/Max–2550	Rigaku
透射电子显微镜	JEM–2100Plus	日本电子株式会社
扫描电子显微镜	XL 30 ESEM FEG	FEI Company
X–射线光电子能谱	Escalab 250	Thermo VG Scientific
荧光光谱仪	F–4600	Hitachi日立
电化学工作站	CHI660e	美国CH Instruments，Inc.
液体分光光度计	UV–2600	Shimadzu
固体分光光度计	U–3010	Hitachi
等离子体质谱	ICP–MS 7500	Agilent 7500a
300 W氙灯光源	CEL–HXF300	北京中教金源科技有限公司
AM 1.5滤光片	AM 1.5G（300–1100 nm）	北京中教金源科技有限公司
氢气发生器	CEH300	北京中教金源科技有限公司
空气发生器	THA3L	北京中教金源科技有限公司
气相色谱仪	GC–9800	上海科创色谱仪器有限公司
气相色谱质谱联用仪	HP 6890GC–5973MSD	Thermo VG Scientific

制备油酸铯[25]：首先，将Cs_2CO_3（0.814 0 g）、OA（2.5 mL）和ODE（10 mL）添加到50 mL两口圆底烧瓶中，随后在室温下将此两口圆底烧瓶抽真空约5min。然后边搅拌边向烧瓶中充入氮气，并在120 ℃下抽真空30～40分钟直至获得透明溶液。得到的油酸铯溶液放于冰箱中储存，使用时将其加热至完全溶解即可。

$CsPb(Br_x/Cl_{1-x})_3$（$x = 0.7$，0.5，0.3）纳米晶体的合成：根据已经报道的文献制备了卤化物钙钛矿$CsPb(Br_x/Cl_{1-x})_3$（$x = 1$，0.7，0.5，0.3，0）纳米晶

体[25]。以$CsPbBr_3$纳米晶体为例，将$PbBr_2$（0.066 1 g）、OAm（0.8 mL）、OA（0.8 mL）和ODE（5 mL）添加到50 mL两口圆底烧瓶中，随后将该烧瓶放在油浴中加热搅拌至120 ℃，在此过程中抽真空、通N_2交替进行，持续30 min。之后，该烧瓶升温至185 ℃。在185 ℃，干燥的OAm（0.8 mL）和干燥的OA（0.8 mL）注射到此圆底烧瓶。然后将已经制备好的油酸铯（0.064 mL）迅速注入反应体系中，并在5s后用冰浴冷却溶液。随后，向烧瓶中加入乙酸乙酯/正已烷（1∶1）分散反应产物，通过以8000转/min的速度离心5 min来收集纳米晶体，然后用正已烷和乙酸乙酯洗涤五次。需要注意的是制备$CsPbCl_3$纳米晶体时，需要额外加入1 mL TOP才能溶解$PbCl_2$。其他卤素比例钙钛矿纳米颗粒的制备与$CsPbBr_3$纳米晶体的制备方法类似，仅是$PbBr_2$和$PbCl_2$按照相应的比例加入反应体系即可。

具有正交晶相的$CsPbBr_3$量子点的合成[26]：首先，将$PbBr_2$（367.01 mg）完全溶解在DMF（20 mL）、已酸（232.32 mg）和辛胺（258.48 mg）的混合溶剂中。随后，将1 mL的油酸铯添加到该溶液中。最后，将0.5 mL的混合溶液加入到20 ml的甲苯中，然后进行离心和洗涤（用乙酸乙酯分散洗两次）。

材料的表征与分析方法：粉末X-射线衍射图谱（PXRD）在SmartLab X-射线衍射仪上测试得到。在透射电子显微镜（TEM，JEM-2100Plus）和高分辨透射电子显微镜（HRTEM，JEM-2100Plus）上测试了纳米颗粒的形貌和结构。X-射线光电子能谱（XPS）是在带有单色Al Kα X-射线源的Escalab 250仪器上进行测试的。用紫外可见光谱仪（Shimadzu UV-2600）研究样品的吸收特性。在U-3010分光光度计（日立，日本）上获得了紫外可见漫反射光谱（DRS）。除了$CsPbCl_3$纳米晶体（激发波长为320 nm）以外，在362 nm的激发波长下，以1 nm的增量和1 s的积分时间在光致发光光谱仪（Hitachi F-4600）上测试了发光（PL）光谱。用GC-9800光谱仪测试光催化反应的气体产物。使用HP 6890GC-5973MSD气相色谱-质谱仪（GC-MS）分析$^{13}CO_2$（纯度98%）同位素实验产生的CO产物。

$CsPb(Br_x/Cl_{1-x})_3$（$x = 0.7$，0.5，0.3）光电极的制备：首先将ITO玻璃依次在去离子水、酒精和丙酮中分别超声处理10min来清洁表面。然后将ITO玻璃分割为1cm × 1cm的大小。随后将80 μL $CsPb(Br_x/Cl_{1-x})_3$（$x = 1$，0.7，0.5，0.3，0）甲苯悬浮液（5 mg/mL）滴到ITO玻璃片上。最后将制备的光电极在室温下过夜干燥。

所有光电化学表征均在电化学工作站（CHI660e，CH Instruments，Inc.，USA）上进行，电极结构为三电极，其中上面制备的光电极为工作电极、Pt网为对电极和Ag/AgCl（在 3 M KCl）作为参比电极。将具有0.1 M的六氟磷酸四丁基铵（$TBAPF_6$）的乙酸乙酯溶液加到电解池中作为电解质。所用光源和光密度与CO_2光催化还原测试中的相同。

光催化性能测试：在自制的50 mL密封管中加入0.5 mg $CsPb(Br_x/Cl_{1-x})_3$（x = 1，0.7，0.5，0.3，0）纳米晶体催化剂，加入6 mL乙酸乙酯作为溶剂，在模拟太阳光照射下进行CO_2光催化还原的反应。反应前，高纯度的CO_2（99.999%）气体在乙酸乙酯反应体系中鼓泡约20min，直到CO_2浓度达到饱和并完全除去体系中所溶解的O_2。将带有AM 1.5滤光片的300 W氙灯用作光源。自制的反应密封管与300 W氙灯之间的距离约为8cm，照射样品的光源几何面积约为2 cm × 3 cm。光强度约为200 mW/cm^2。所有实验均在环境压力下进行，反应系统在循环冷却水下保持在20 ℃。光照9 h结后，用1 mL注射器收集在CO_2光催化还原过程中所产生的气态产物，然后立即通过配备有火焰离子化检测器（FID）和热导检测器（TCD）的GC–9800进行分析。

对照实验：在自制的50 mL密封管中加入0.5 mg $CsPb(Br_{0.5}/Cl_{0.5})_3$纳米晶体，以6 mL乙酸乙酯为溶剂，然后通入高纯度Ar （99.99%）气体鼓泡约20 min，直到完全除去体系所溶解的氧气。带有AM 1.5滤光片的300 W氙灯用作光源。自制的反应密封管与300 W氙灯之间的距离约为8cm，照射样品的光源几何面积约为2cm × 3cm。光强度约为200 mW/cm^2。所有实验均在环境压力下进行，反应系统在循环冷却水下保持在20 ℃。光照9 h后，用1 mL注射器收集气体产物，然后立即通过配备有火焰离子化检测器（FID）和热导率检器（TCD）的GC–9800进行分析。

同位素实验：在自制的50 mL密封管中加入0.5 mg $CsPb(Br_{0.5}/Cl_{0.5})_3$纳米晶体，以6 mL乙酸乙酯为溶剂，然后通入高纯度Ar （99.99%）气体鼓泡约20min，直到完全除去体系所溶解的氧气。然后向反应体系中通入5 min左右的$^{13}CO_2$ （纯度98%）气体。带有AM 1.5滤镜的300 W氙气灯用作光源。自制的反应密封管与300 W氙灯之间的距离约为8cm，照射样品的光源几何面积约为2 cm × 3 cm。光强度约为200 mW/cm^2。所有实验均在环境压力下进行，反应系统在循环冷却水下保持在20 ℃。光照9 h后，用HP 6890GC–5973MSD气相色谱–质谱仪（GC–MS）分析同位素实验产生的^{13}CO产物。

2. 结果与讨论

纯无机钙钛矿的形貌与性质表征：单分散的混合卤素纯无机钙钛矿$CsPb(Br_x/Cl_{1-x})_3$（$x = 0.7$，0.5，0.3）纳米晶体是根据已经报道的热注射方法合成的[223]。为了与混合卤素钙钛矿纳米晶体比较催化性能，我们利用相同的方法还制备了$CsPbBr_3$和$CsPbCl_3$纳米晶体。图6–4（a）~（e）中的透射电子显微镜（TEM）图像表明所有$CsPb(Br_x/Cl_{1-x})_3$（$x = 1$，0.7，0.5，0.3，0）纳米晶体为正方形。通过对$CsPb(Br_{0.5}/Cl_{0.5})_3$纳米材料进行粒径统计，我们得到粒径大小约为10.5 nm［图6–4（f）］。如此小的纳米尺寸将为催化反应提供大的比表面积。

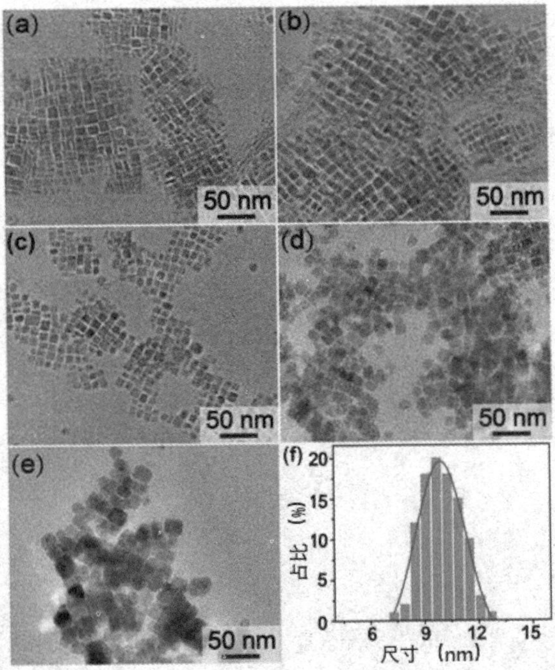

图6–4　（a）~（e）$CsPb(Br_x/Cl_{1-x})_3$（$x = 1$，0.7，0.5，0.3，0）材料的TEM图像。（f）$CsPb(Br_{0.5}/Cl_{0.5})_3$纳米材料的粒度分布图

为了确定所合成纳米晶体的晶相结构，我们接下来测试了它们的粉末X–

射线衍射（PXRD）图谱。测试结果表明所制备的CsPb（Br_x/Cl_{1-x}）$_3$（$x = 1$，0.7，0.5，0.3，0）纳米晶体是纯的立方相（图6–5），这与以前的相关研究的结果一致[25, 27]。同时，所有纳米材料的2–theta衍射角位于16°、22°和32°，三个衍射峰分别归属于（100）、（101）和（002）晶面，与$CsPbCl_3$的标准卡片（PDF#54–0752）一致。此外，随着CsPb（Br_x/Cl_{1-x}）$_3$（$x = 1$，0.7，0.5，0.3，0）纳米材料中Br元素含量的增加，PXRD中所衍射峰对应的衍射角逐渐向左偏移，这说明Br/Cl比会在一定程度上影响晶格的排布。

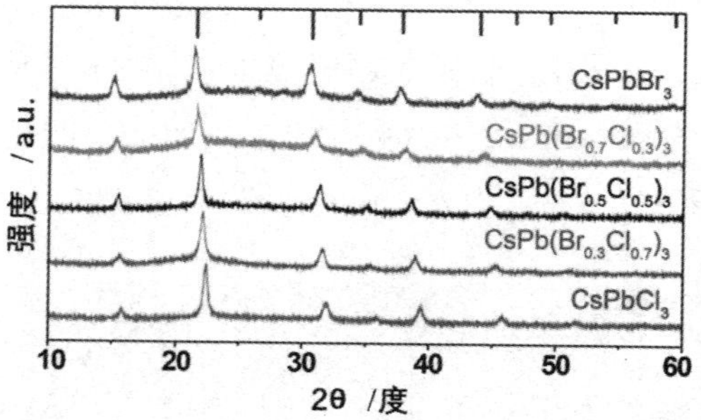

图6–5　CsPb（Br_x/Cl_{1-x}）$_3$（$x = 1$, 0.7, 0.5, 0.3, 0）材料的PXRD图谱（PDF#54–0752）

根据高分辨率透射电子显微镜（HRTEM）图像［图6–6（a）］可知，CsPb（$Br_{0.5}/Cl_{0.5}$）$_3$材料的晶格参数为0.57 nm，这表明所制备的钙钛矿材料是高度结晶的。此外，能量色散X射线光谱（EDX）说明CsPb（$Br_{0.5}/Cl_{0.5}$）$_3$材料中存在的元素有Cs、Pb、Br和Cl［图6–6（b）］，且各种元素在晶体纳米颗粒中均匀分散。

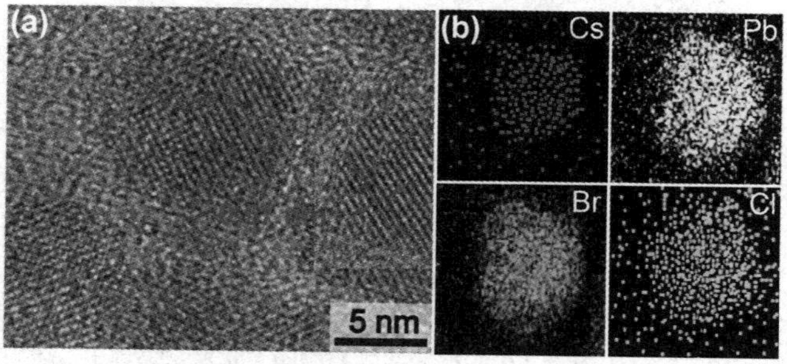

图6–6　CsPb（$Br_{0.5}/Cl_{0.5}$）$_3$材料的（a）HRTEM图像；（b）EDX图像

我们用X–射线光电子能谱（XPS）测试得到了CsPb（Br_x/Cl_{1-x}）$_3$（$x = 1$，0.7，0.5，0.3，0）纳米材料的表面化学结合情况。如图6–7所示，CsPb

（Br_x/Cl_{1-x}）$_3$（x = 1，0.7，0.5，0.3，0）纳米材料的表面都出现了Cs、Pb、Br/Cl的衍射峰。当x = 1时，$CsPbBr_3$的Cs 3d峰在724.0和738.1 eV处分别逐渐红移至723.8和737.8 eV（$CsPbCl_3$，x = 0）[图6–8（a）]。对于Pb 4f的峰，它们分别表现出从$CsPbBr_3$的137.8和142.7 eV到$CsPbCl_3$的138.0和142.9 eV的蓝移[图6–8（b）]。这些偏移表明Cs和Pb原子的键合环境通过调节Br/Cl比例发生变化，而CsPb（Br_x/Cl_{1-x}）$_3$（x = 1，0.7，0.5，0.3，0）中的Br 3d和/或Cl 2p的峰位置几乎不变[图6–8（c）和图6–8（d）]。

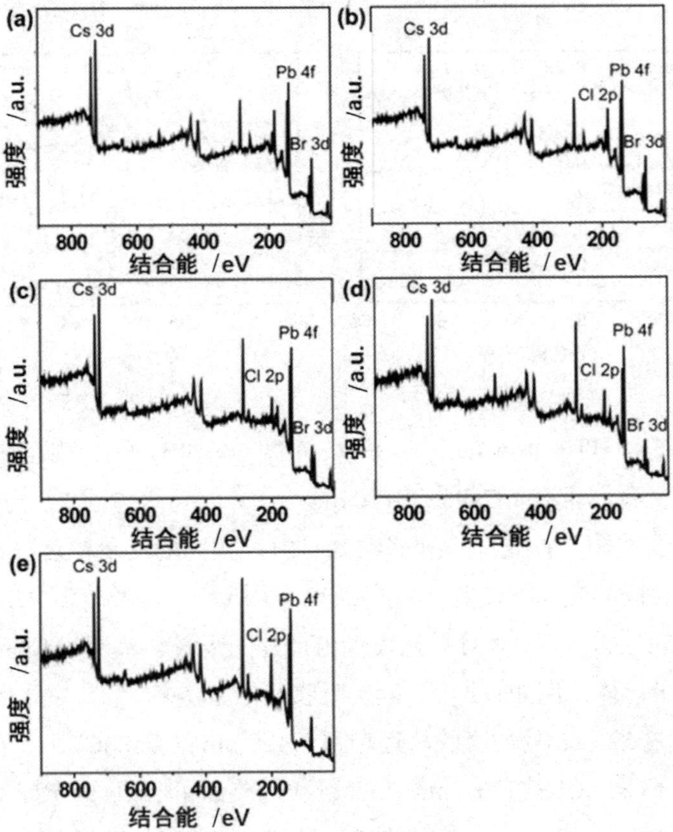

图6–7　（a）$CsPbBr_3$，（b）CsPb（$Br_{0.7}/Cl_{0.3}$）$_3$，（c）CsPb（$Br_{0.5}/Cl_{0.5}$）$_3$，（d）CsPb（$Br_{0.3}/Cl_{0.7}$）$_3$，（e）$CsPbCl_3$ 材料的X射线光电子能谱（XPS）

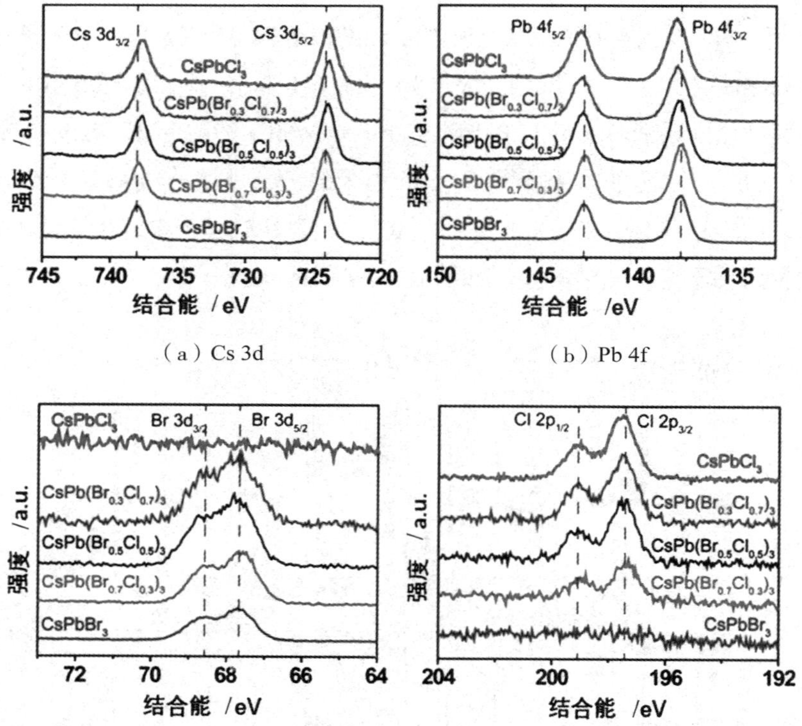

（a）Cs 3d　　（b）Pb 4f

（c）Br 3d　　（d）Cl 2p XPS

图6-8　CsPb（Br_x/Cl_{1-x}）$_3$（x＝1，0.7，0.5，0.3，0）材料的谱图

接下来，我们研究了CsPb（Br_x/Cl_{1-x}）$_3$（x = 1，0.7，0.5，0.3，0）纳米材料的光学性能。首先，将这些纳米材料以相同的质量浓度分散在乙酸乙酯中，测试它们的光吸收性能。如图6-9（a）所示，CsPb（Br_x/Cl_{1-x}）$_3$（x = 1，0.7，0.5，0.3，0）对可见光表现出良好的吸收，范围为400～700 nm，这比典型的半导体（例如TiO_2、ZnO）吸收范围宽得多[28-30]。并且随着x值减小，$CsPbBr_3$在520 nm处的吸收峰逐渐移至420 nm（$CsPbCl_3$）。在362 nm的激发下（除了$CsPbCl_3$被320 nm激发），我们测试了CsPb（Br_x/Cl_{1-x}）$_3$（x = 1，0.7，0.5，0.3，0）纳米材料的发射光谱。$CsPbBr_3$纳米晶体的发射带在517 nm处达到最大值，并且随着Cl含量的增加，该峰逐渐偏移至413 nm［图6-9（b）］。

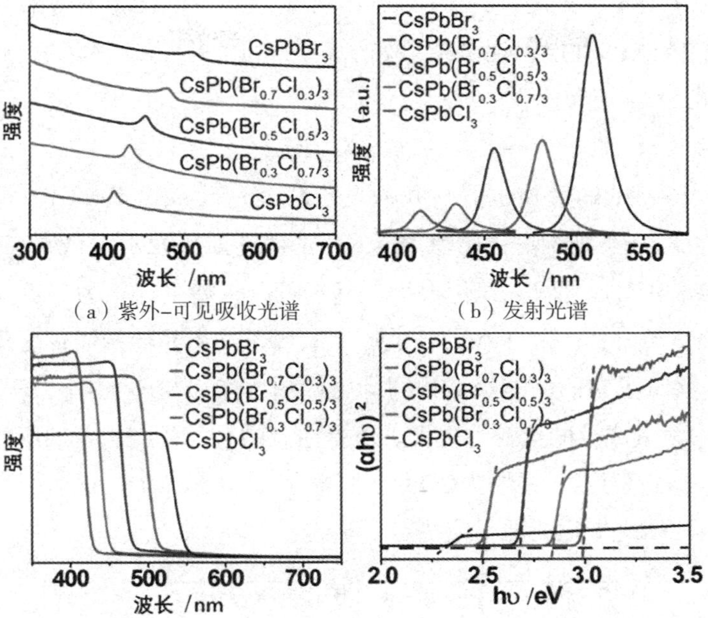

（a）紫外–可见吸收光谱　（b）发射光谱

（c）紫外–可见漫反射光谱　（d）$(\alpha h\upsilon)^2$与$h\upsilon$之间的关系曲线

图6–9　CsPb（Br_x/Cl_{1-x}）$_3$（$x=1$，0.7，0.5，0.3，0）材料的光谱与关系曲线

对于半导体来说，带隙边缘位置对催化反应活性具有重要影响。因此，我们研究了CsPb（Br_x/Cl_{1-x}）$_3$（$x=1$，0.7，0.5，0.3，0）纳米材料的带隙位置。首先，我们测试了材料的固体紫外漫反射光谱，基于Tauc方法[31]，我们根据紫外可见漫反射光谱（DRS，图6–9c）确定了它们的带隙（E_g）。图6–9（d）说明CsPb（Br_x/Cl_{1-x}）$_3$（$x=1$，0.7，0.5，0.3，0）纳米材料具有直接带隙[14]。根据Tauc图的X轴截距，CsPb（Br_x/Cl_{1-x}）$_3$（$x=1$，0.7，0.5，0.3，0）纳米晶体的带隙为2.33 ~ 2.98 eV（具体数值见表6–3）。

表6–3　CsPb（Br_x/Cl_{1-x}）$_3$（$x=1$，0.7，0.5，0.3，0）材料的光学带隙、E_{VB}和E_{CB}

样品	E_g/eV	E_{VB}/eV	E_{CB}/V
$CsPbBr_3$	2.33	0.58	–1.75
CsPb（$Br_{0.7}/Cl_{0.3}$）$_3$	2.51	0.75	–1.76
CsPb（$Br_{0.5}/Cl_{0.5}$）$_3$	2.67	0.90	–1.77
CsPb（$Br_{0.3}/Cl_{0.7}$）$_3$	2.83	1.04	–1.79
$CsPbCl_3$	2.98	1.18	–1.80

随后，CsPb（Br_x/Cl_{1-x}）$_3$（x = 1，0.7，0.5，0.3，0）纳米晶体的价带（E_{VB}）由VB XPS确定，测试结果如图6–10（a）~（e）所示。导带（E_{CB}）由以下公式[32]确定：

$$E_{CB}=E_{VB}-E_g \quad (6\text{-}1)$$

根据表6–3中的带隙位置，我们发现E_{VB}随着CsPb（Br_x/Cl_{1-x}）$_3$（x = 1，0.7，0.5，0.3，0）纳米晶体中Cl含量的增加而逐渐从0.58 eV（$CsPbBr_3$）增大至1.18 eV（$CsPbCl_3$）。而E_{CB}变化很小，基本可以忽略不计。为了更加清晰地了解CsPb（Br_x/Cl_{1-x}）$_3$（x = 1，0.7，0.5，0.3，0）纳米晶体的能带变化趋势，图6–10（f）展示了它们的能级结构图。由此图可知，与E_{CB}相比，E_{VB}对钙钛矿纳米晶体中卤素成分的依赖性更大。值得注意的是，我们制备的所有卤素钙钛矿的E_{CB}位置都高于CO_2还原为CO的还原电位（–0.5 eV），这为卤素钙钛矿纳米晶体用于CO_2光催化还原反应奠定了基础。

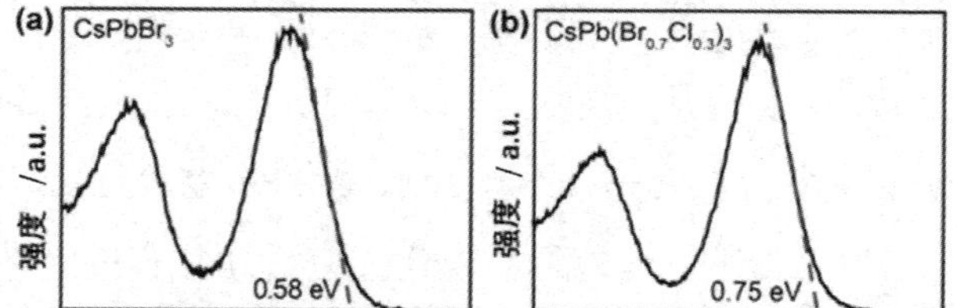

图6–10　CsPb（Br_x/Cl_{1-x}）$_3$（x=1，0.7，0.5，0.3，0）材料的（a）~（e）VB XPS图谱，（f）能级分布图

无机钙钛矿中卤素比例对CO_2光催化性能的影响：为了研究混合卤素钙钛矿对CO_2光催化还原的影响，我们按照Su等人[26]研究的反应条件进行了催化实验，其中反应体系中包括混合卤素钙钛矿催化剂和溶剂乙酸乙酯。此外，为了证明混合卤素钙钛矿纳米晶体在光催化中的优势，我们还研究了单一卤素钙钛矿纳米晶体$CsPbBr_3$和$CsPbCl_3$在相同反应条件下的光催化反应活性。具体来说，将一定量的卤素钙钛矿放入装有6 mL乙酸乙酯的石英管中，随后充入纯的CO_2气体，然后将石英管密封，将其放在20 ℃的反应温度、常压条件下，用带有AM 1.5滤光片的Xe–300灯照射9h，最后用气相色谱仪测试反应体系中的气体成分。经测试发现体系产生了两种主要气体产物CO和CH_4，并且这两种产物随着钙钛矿中Br/Cl比例的变化其产率也发生了变化，具体如表6–4和6–5，图6–11（a）所示。

表6–4　连续9h照射，CO_2光催化还原性能

样品	CO/（$\mu mol \cdot g^{-1}$）	CH_4/（$\mu mol \cdot g^{-1}$）	总产量/（$\mu mol \cdot g^{-1}$）[a]
$CsPbBr_3$	135	60	195
CsPb（$Br_{0.7}/Cl_{0.3}$）$_3$	156	72	228
CsPb（$Br_{0.5}/Cl_{0.5}$）$_3$	767	108	875
CsPb（$Br_{0.3}/Cl_{0.7}$）$_3$	204	63	267
$CsPbCl_3$	65	31	96

a：总产量为CO和CH_4的加和。

表6–5　CO_2光催化还原的产率对比结果

样品	CO/（$\mu mol \cdot g^{-1} \cdot h^{-1}$）	CH_4/（$\mu mol \cdot g^{-1} \cdot h^{-1}$）	总产率/（$\mu mol \cdot g^{-1} \cdot h^{-1}$）[a]
$CsPbBr_3$	15.0	6.7	21.7
CsPb（$Br_{0.7}/Cl_{0.3}$）$_3$	17.3	8.0	25.3
CsPb（$Br_{0.5}/Cl_{0.5}$）$_3$	85.2	12.0	97.2
CsPb（$Br_{0.3}/Cl_{0.7}$）$_3$	22.7	7.0	29.7
$CsPbCl_3$	7.2	3.4	10.7

a：总产率为CO和CH_4的加和。

当$CsPbBr_3$作为催化剂时，CO和CH_4的产率分别为135和60 μmol/g。在x = 0.7时，即用Cl部分取代Br后，CO和CH_4的产率略有提高，达到156和72 μmol/g。当CsPb（$Br_{0.5}Cl_{0.5}$）$_3$作为催化剂时，CO的产量急剧增加至767 μmol/g，这比纯$CsPbBr_3$和CsPb（$Br_{0.7}Cl_{0.3}$）$_3$分别高5.7倍和4.9倍。如图6-1（b）所示，CH_4仅表现出稍微的增强（108 μmol/g）。然而，当进一步提高Cl的含量（x = 0.3或0），CsPb（$Br_{0.3}Cl_{0.7}$）$_3$或$CsPbCl_3$作为催化剂时，CO和CH_4的产量明显减少。经过分析对比这些结果，我们发现在这种光催化体系中，Cl的引入对CO_2光催化还原反应的活性具有重要影响。并且Br与Cl的最佳比例为0.5∶0.5，此时CO和CH_4的总催化产率高达875 μmol/g，比$CsPbBr_3$和$CsPbCl_3$的催化性能高约4.5和9.1倍。此外，所有CsPb（Br_x/Cl_{1-x}）$_3$（x = 1，0.7，0.5，0.3，0）催化剂都避免了常见副产物H_2的产生，使得CO和CH_4的选择性高达99%。

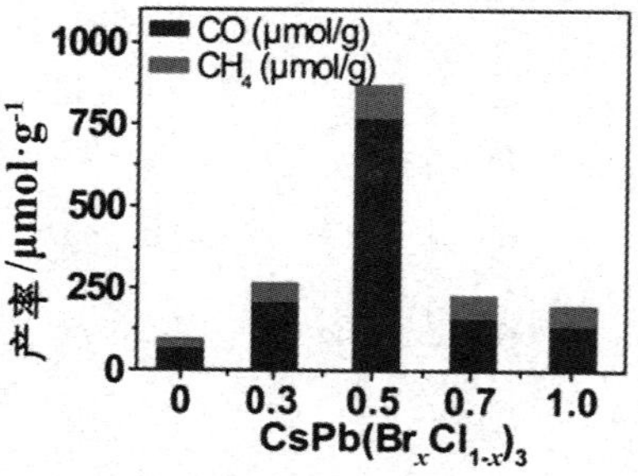

（a）含有AM 1.5滤光片，使用CsPb（Br_x/Cl_{1-x}）$_3$（x = 1, 0.7, 0.5, 0.3, 0）纳米晶体作为催化剂，在9 h氙灯照射下CO_2光催化还原产率

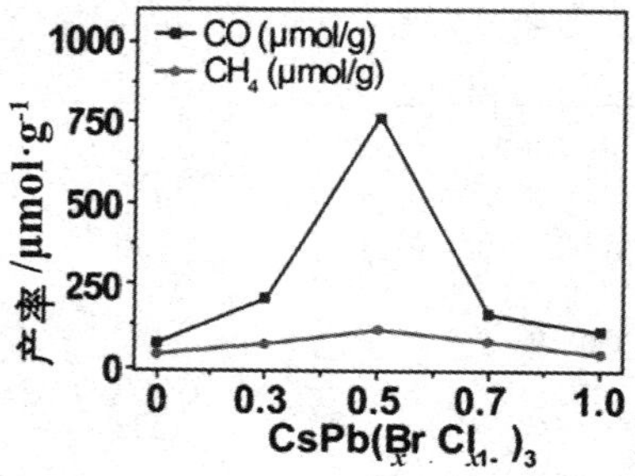

（b）CO和CH_4产量对（a）中催化剂的依赖性趋势

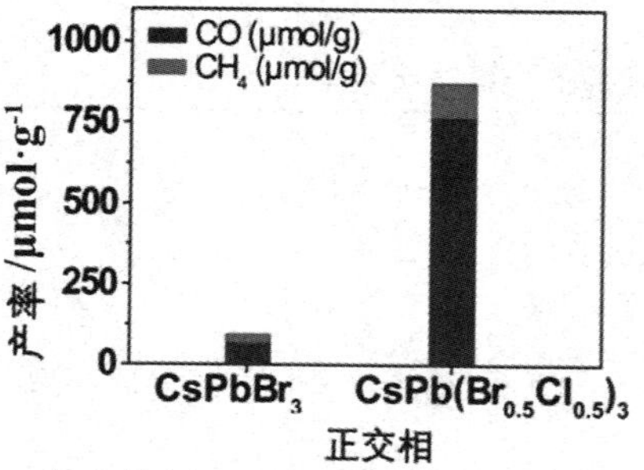

（c）使用$CsPbBr_3$（正交晶系）和CsPb（$Br_{0.5}/Cl_{0.5}$）$_3$作为催化剂时，CO_2还原产率对比图

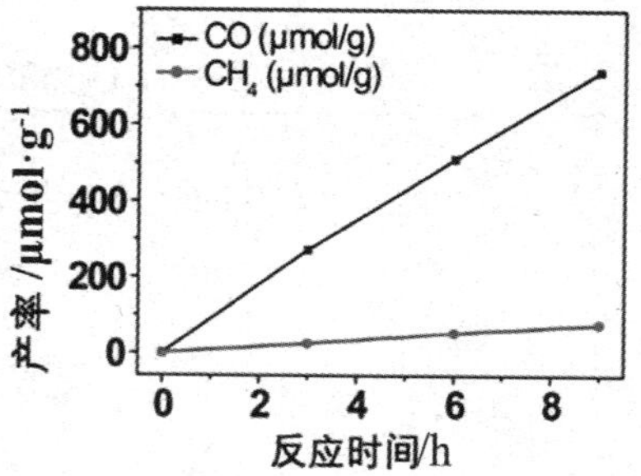

（d）使用CsPb（$Br_{0.5}/Cl_{0.5}$）$_3$作为催化剂时，CO和CH_4的时间依赖产率图

图6-11

由于有文献已经报道了具有正交相的$CsPbBr_3$量子点作为催化剂用于CO_2光

催化还原的反应中[129]，因此我们为了更加明确清晰地评价混合卤素策略在CO_2光催化还原中的影响，在我们的催化实验条件下，将正交相的$CsPbBr_3$样品用作催化剂，反应9h后，反应体系中产生了约112 μmol/g的CO和33 μmol/g的CH_4，总产量（145 μmol/g）为$CsPb(Br_{0.5}/Cl_{0.5})_3$的1/6，与立方相的$CsPbBr_3$（195 μmol/g）产量相当［图6-11（c）］。与混合卤素策略相比，晶相（正交晶相或立方晶相）对CO_2光催化还原性能的影响很小。

为了更好地确定本书的催化剂与文献催化剂之间的差异，我们选择比表面积较大的g-C_3N_4纳米片[33]和TiO_2(P25)[34]作为参考催化剂。在与本书相同的催化条件下，我们发现催化剂$CsPb(Br_{0.5}/Cl_{0.5})_3$的$CO_2$还原性能仍然优于$TiO_2$和g-$C_3N_4$（表6-6），这表明无孔卤素钙钛矿纳米催化剂具有更高的催化活性。

表6-6　光催化9h，在相同的条件下CO_2还原性能结果对比

样品	CO（μmol/g）	CH_4（μmol/g）	总产量（μmol/g）[a]
$CsPb(Br_{0.5}/Cl_{0.5})_3$	767	108	875
TiO_2（P25）	56	100	156
g-C_3N_4	34	33	67

a：总产量为CO和CH_4的加和。

如图6-11d所示，在CO_2光催化还原中，每隔3h检测一次CO和CH_4的产量，以此来研究$CsPb(Br_{0.5}/Cl_{0.5})_3$材料在不同反应时间内的反应活性。在此过程中，CO和CH_4的产量分别为250 ± 20和25.0 ± 2 μmol/g。这些结果表明，在9 h光照过程中，CO和CH_4的产量几乎呈线性增加。这也说明了$CsPb(Br_{0.5}/Cl_{0.5})_3$在光催化过程中具有良好的稳定性。为了更好地对比不同Br/Cl的卤素钙钛矿纳米晶体的催化性能，我们在不同反应时间内分别研究了这些催化剂产生CO和CH_4的情况，如图6-12所示。值得注意的是，CO的生成速度高于CH_4的生成速度，这可能是由于CH_4生成过程中需要多电子还原所致。此外，反应9 h后，CH_4产量有所减少，这可能是由于不连续的光照严重影响了八电子还原过程中的电子积累。

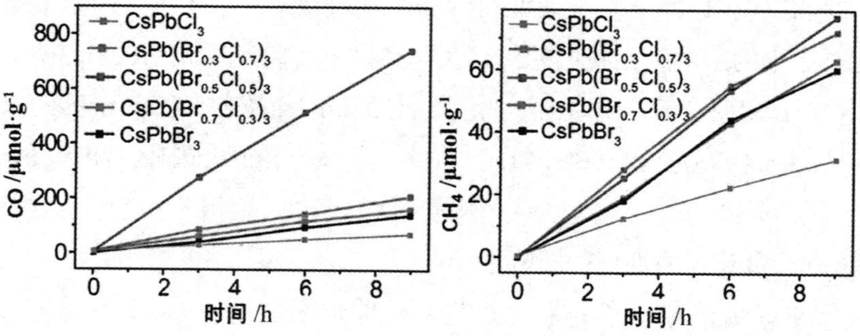

（a）CO　　（b）CH_4

图6-12　CsPb（Br_x/Cl_{1-x}）$_3$（x＝1，0.7，0.5，0.3，0）作为催化剂时CO和CH_4产量图

对照实验是在惰性Ar气氛下进行的，其目的是研究气体产物的来源。同样以CsPb（$Br_{0.5}Cl_{0.5}$）$_3$为催化剂，光照9 h后，分别产生94和430 μmol/g的CO和CO_2。Ar气氛下的CO产量约为饱和CO_2（767 μmol/g）条件下的八分之一。这说明在光照条件下，乙酸乙酯本身会部分分解为少量的CO。为了进一步确保反应产物的碳源，我们进行了$^{13}CO_2$同位素标记实验。以CsPb（$Br_{0.5}Cl_{0.5}$）$_3$作为催化剂，在反应体系中通入$^{13}CO_2$，光照以后利用气相色谱-质谱仪（GC-MS）检测CO的分子量（图6-13）。结果表明，约85%的CO来自$^{13}CO_2$光催化还原反应。

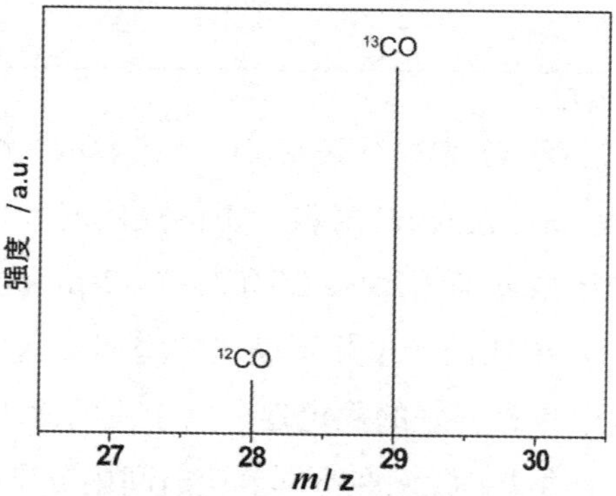

图6-13　CsPb（$Br_{0.5}$/$Cl_{0.5}$）$_3$作为催化剂用GC-MS进行同位素标记实验，验证$^{13}CO_2$作为碳源

催化剂的稳定性和光电流性能研究：对于催化反应来说，催化剂的稳定性是影响催化效率的另一个重要因素。为了阐明混合卤素钙钛矿材料在催化过程中的稳定性，我们探究了光催化反应之后催化剂的晶相状态。PXRD图谱表明催化反应后的CsPb（Br_x/Cl_{1-x}）$_3$（x = 0.7，0.5，0.3）催化剂没有发生明显变化（图6–14）。与混合卤素钙钛矿相比，催化后$CsPbCl_3$的PXRD图谱保持完整，但$CsPbBr_3$出现了几个新峰（$CsPb_2Br_5$）。这些结果表明，$CsPbBr_3$在光催化过程中不稳定，而混合卤化物钙钛矿材料对于催化反应表现出足够的稳定性，这意味着在卤素钙钛矿中引入Cl可能是增强钙钛矿在CO_2光催化还原中的稳定性。

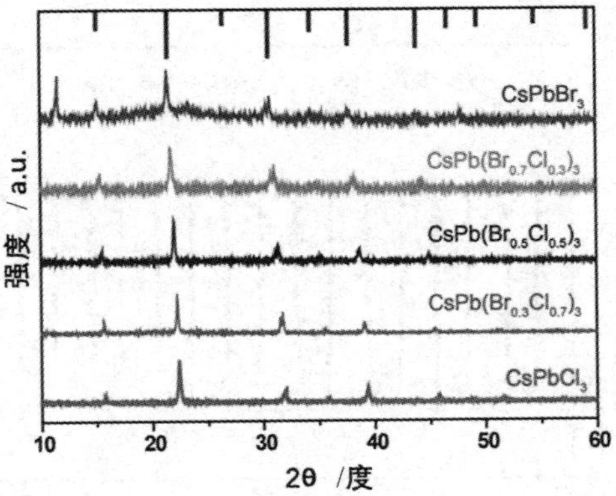

图6–14　光催化以后，CsPb（Br_x/Cl_{1-x}）$_3$（x=1，0.7，0.5，0.3，0）的PXRD图像（PDF#54–0752）

考虑到电荷分离在氧化还原反应中起着至关重要的作用，我们采用瞬态光电流表征手段来探索CsPb（$Br_{0.5}/Cl_{0.5}$）$_3$催化剂在CO_2还原中具有最优光催化性能的根本原因。我们制备了CsPb（$Br_{0.5}/Cl_{0.5}$）$_3$光电极，并通过SEM图像确定了膜截面的厚度约为0.8 μm（图6–15）。

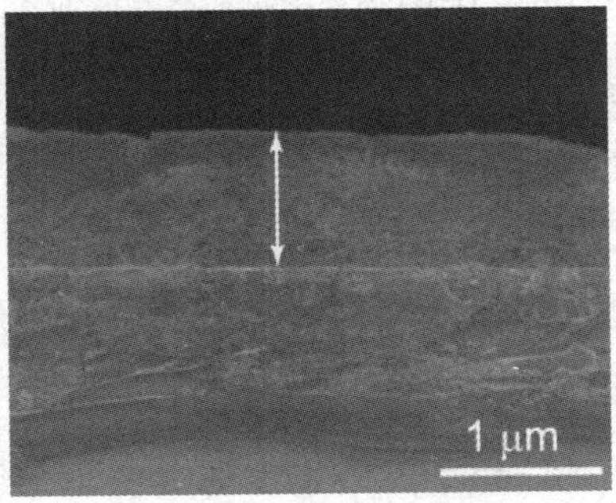

图6–15　CsPb（$Br_{0.5}/Cl_{0.5}$）$_3$光电极薄膜的横截面SEM 图像

在开路电压下，我们用带有AM 1.5滤光片的Xe–300灯在黑暗和光照的条件下收集样品的光电流响应数据。如图6–16所示，CsPb（$Br_{0.5}/Cl_{0.5}$）$_3$的光电流密度在光照过程中迅速升高至4.4 μA/cm^2，然后在黑暗条件下急剧下降，并可以连续稳定重复此过程。其他混合卤素钙钛矿CsPb（Br_x/Cl_{1-x}）$_3$（$x = 0.7$，0.3）在光照/黑暗条件下具有相似的现象，但比CsPb（$Br_{0.5}/Cl_{0.5}$）$_3$的光电流密度更低一些。这些结果说明，CsPb（$Br_{0.5}/Cl_{0.5}$）$_3$的电荷分离效率比其他两种混合卤素钙钛矿的更高。结合混合卤素钙钛矿的能带和稳定性优势，CsPb（$Br_{0.5}/Cl_{0.5}$）$_3$是最适合CO_2光还原的催化剂。

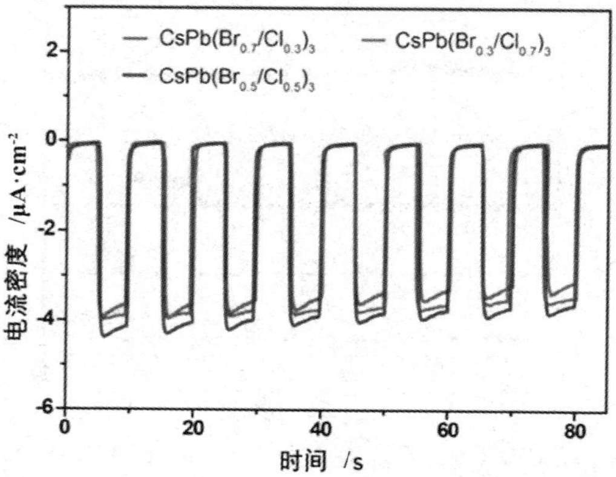

图6-16　混合卤素CsPb（Br_x/Cl_{1-x}）$_3$（x= 0.7，0.5，0.3）纳米晶体的瞬态光电流响应图

综上所述，本工作将低成本和稳定性好的混合卤素钙钛矿CsPb（Br_x/Cl_{1-x}）$_3$（$x = 0.7$，0.5，0.3）纳米晶体作为催化剂，通过混合卤素的策略来提高CO_2光催化还原的效率。首先，通过热注射法制备了立方相、尺寸约为10.5 nm的混合卤素钙钛矿纳米晶体。这些混合卤素钙钛矿具有优异的可见光吸收性能，且带隙E_g处于2.51～2.83 eV之间，比传统的半导体（例如TiO_2和ZnO）要小。它们的E_{CB}均为−1.70 eV，高于CO_2还原为CO的还原电位（−0.5 eV），这为CO_2的光还原提供了保证。在模拟太阳光和不添加光敏剂的情况下，混合卤素钙钛矿将CO_2转化为CO和CH_4，并表现出优异的光催化效率和选择性。同时，发现钙钛矿材料中Br/Cl比例对光催化性能有重要影响，其中催化性能最好的催化剂为CsPb（$Br_{0.5}/Cl_{0.5}$）$_3$，CO和CH_4总产量为875 μmol/g（选择性为99%），分别比$CsPbBr_3$和$CsPbCl_3$的产量高4.5、9.1倍。混合卤素钙钛矿纳米催化剂之所以具有出色的光催化还原效率，主要归因于催化剂的稳定性、适当的带隙和高效的电荷分离效率。此外，与常用的半导体催化剂（如TiO_2、CdS和g-C_3N_4）相比，CsPb（$Br_{0.5}/Cl_{0.5}$）$_3$具有更高的反应活性和选择性。这些发现为设计高效、高选择性和稳定的钙钛矿催化剂用于CO_2还原提供了新的思路。

6.3.2　其他几种典型卤素钙钛矿催化剂

2017年，Su等人[35]首次利用$CsPbBr_3$量子点在非水体系中将CO_2光催化还原为高附加值的产物。在带有AM 1.5G滤光片的100 W Xe灯照射下，$CsPbBr_3$量子点催化剂以6.0 μmol/g·h的速率产生CO和CH_4，且相对于副产物H_2的选择性超过99.3%。此外，通过构建$CsPbBr_3$量子点/氧化石墨烯复合材料，电子传输速率得到提高，还原产物CO和CH_4的产生速率增加到7.4 μmol/g·h且选择性仍保持在99.1%。但是，作者发现大约八分之一的CO产量可能源自乙酸乙酯的光氧化，这说明大多数还原产物来自光催化CO_2还原。光催化反应12 h后，$CsPbBr_3$量子点和$CsPbBr_3$/氧化石墨烯复合物的PXRD图谱表明没有相变或降解的杂质（例如$CsPb_2Br_5$），这说明在此体系中催化剂的具有良好的稳定性。随后，Hou等人[36]以乙酸乙酯/水为溶剂，以8.5 nm的$CsPbBr_3$量子点作为催化剂用在CO_2光催化还原中，在带有AM 1.5滤光片的300 W氙灯照射8h后，CO、CH_4和H_2的产量分别为34.1、12.2和0.80 μmol/g，相应的生成速率分别约为4.3、1.5和0.1 μmol/g·h，获得了最高的CO、CH_4和H_2产率。本书通过粒径的优化增强了CO_2光催化的性能。

为了提高CO_2光催化性能，2019年，Guo等人[24]采用混合卤素策略来提高全无机卤素钙钛矿纳米晶体在CO_2光催化还原中的性能。他们首先制备了一系列具有立方相的混合卤素钙钛矿纳米晶体$CsPb(Br_x/Cl_{1-x})_3$（$x=0.7$，0.5，0.3）。在没有光敏剂的情况下，这些混合卤素钙钛矿纳米晶体在模拟太阳光照射下高效、高选择性地将CO_2光催化还原为CO和CH_4。为了进一步提高CO_2光催化性能，该课题组将锰离子（Mn^{2+}）掺杂到$CsPb(Br/Cl)_3$混合卤素钙钛矿中[37]。通过调整Mn^{2+}的含量，获得一系列$CsPb(Br/Cl)_3$:Mn钙钛矿纳米晶体，将其作为光催化剂，结果表明锰离子掺杂的卤素钙钛矿纳米晶体可以高效地把CO_2转化为CO和CH_4。CO和CH_4的最优产量分别高达1 917 μmol/g和82 μmol/g，分别比$CsPbBr_3$高14.2倍和1.4倍。同样利用金属掺杂策略，Shyamwl等人课题组[38]研究了Fe（Ⅱ）掺杂的$CsPbBr_3$钙钛矿纳米晶体用于CO_2光催化还原。与未掺杂的$CsPbBr_3$相比，Fe:$CsPbBr_3$纳米晶体表现出更加优异的催化活性，并且CH_4比CO更容易产生。对于未掺杂的纳米晶体，CO的产量高于CH_4。通过理论计算，这与两种产物在催化剂表面的吸附、脱附有关。

此外，为了提高卤素钙钛矿量子点的电子传输效率和化学稳定性等性能，各种卤素钙钛矿复合材料开始用于CO_2光催化。例如，Ou等人[26]通过N–Br化学键将$CsPbBr_3$量子点固定在富含NH_x的多孔g–C_3N_4纳米片上以构建复合光催化剂。含有20% $CsPbBr_3$量子点的复合光催化剂将CO_2光催化还原为CO的产率高达149 mmol/（h · g），这比单纯$CsPbBr_3$量子点的效率高约15倍。Kong等人[39]合成了$CsPbBr_3$@ZIF复合光催化剂，并将其用于CO_2光催化还原。与单纯的$CsPbBr_3$相比，复合催化剂表现出优异的CO_2还原活性，$CsPbBr_3$@ZIF–8和$CsPbBr_3$@ZIF–67的电子消耗速率分别为15.498和29.630 μmol/（g · h），分别是$CsPbBr_3$的1.39和2.66倍。Jiang等人[41]将低成本的$CH_3NH_3PbI_3$（$MAPbI_3$）钙钛矿量子点封装在铁基卟啉金属有机骨架PCN–221（Fe_x）的孔道中，以构建一系列的复合光催化剂$MAPbI_3$@PCN–221（Fe_x）（x = 0，1）。在MOF的保护下，复合光催化剂在含水的反应体系中表现出良好的稳定性。量子点与MOF中的Fe催化位点紧密接触使量子点中的光生电子迅速转移到Fe催化位点，从而增强了CO_2光催化还原的活性。当$MAPbI_3$@PCN–221（$Fe_{0.2}$）作为催化剂、水作为电子给体的CO_2光催化还原体系中，CO（34%）和CH_4（66%）的总产率为1 559 $μmol·g^{-1}$，比PCN–221（$Fe_{0.2}$）的产量高38倍。

最近，Kuang课题组[41]为了有效抑制卤素钙钛矿在光催化还原过程中的电子–空穴复合，他们制备了α–Fe_2O_3/胺–还原氧化石墨烯（amine–RGO）/$CsPbBr_3$异质结催化剂，并在H_2O存在的情况下将其用于CO_2光催化还原反应。如图6–17所示，通过精细地控制界面相互作用，建立了从α–Fe_2O_3到$CsPbBr_3$有效的电子转移路径，从而增强了电荷分离效率并延长了载流子寿命。与$CsPbBr_3$相比，α–Fe_2O_3/amine–RGO/$CsPbBr_3$异质结催化剂中光生载流子的有效空间分离最终使光催化性能提高了8.3倍。还原产物CO和CH_4总产量达到469.16 μmol/g，相应的电子消耗量为3132.46 μmol/g。

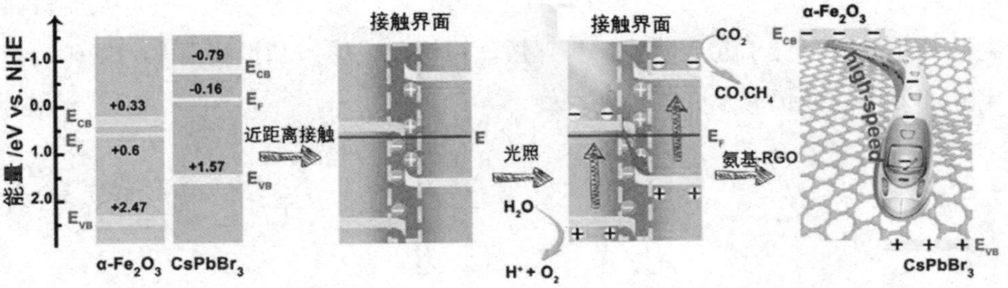

（a）α-Fe_2O_3和$CsPbBr_3$接触前的能带结构　（b）费米能级排列和内建电场的形成　（c）光照射下的载流子转移过程　（d）通过引入Amine-RGO加速界面电荷转移

图6–17　在二元α–Fe_2O_3/$CsPbBr_3$和三元α–Fe_2O_3/Amine–RGO/$CsPbBr_3$杂化体系中，产物的形成和工作机理的示意图

含铅的卤素钙钛矿对水固有的不稳定性和铅本身的毒性阻碍了这类材料的大规模生产和商业化。Zhou等人[42]为了解决以上问题，他们通过简单的热注射法制备了新型无铅双钙钛矿型$Cs_2AgBiBr_6$纳米晶体，并且该材料在水、光和温度下表现出优异的稳定性。将此类材料应用于CO_2光催化还原，在带有AM 1.5滤光片的氙灯下持续照射6 h，还原产物为CO和CH_4，且总电子消耗为105 μmol · g。Bhosale等人[43]合成$Rb_3Bi_2I_9$、$Cs_3Bi_2I_9$和$MA_3Bi_2I_9$三种基于Bi的钙钛矿纳米晶体，将其作为催化剂用于CO_2光还原反应。图6–18所示为钙钛矿纳米晶体的合成过程及其在CO_2光催化还原中的应用。$Cs_3Bi_2I_9$的作为催化剂时具有最佳的光催化活性，甲烷和CO产率分别为14.9 μmol · g和77.6 μmol · g。铋基光催化剂的光催化活性呈现出$Cs_3Bi_2I_9 > Rb_3Bi_2I_9 > MA_3Bi_2I_9 \gg TiO_2$的趋势。

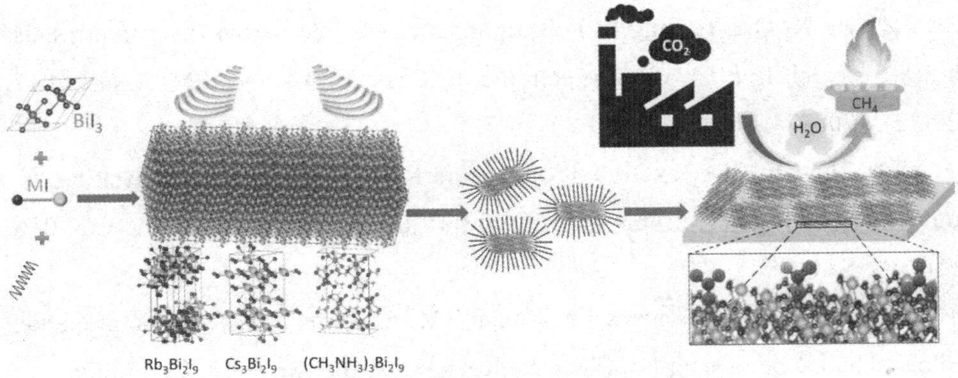

图6–18　自上而下制备铋基钙钛矿纳米晶体的方法及其在固气光催化还原二氧化碳中的应用示意图[43]

尽管卤素钙钛矿用于光催化反应已经取得了很大的进展，但是该类材料的光催化研究仍处于起步阶段，且在设计目标反应体系和提高卤素钙钛矿的稳定性和效率方面仍有很大的创新空间。

6.4 本章小结

本章首先介绍了卤素钙钛矿的结构性质和制备方法，然后详细介绍了本作者在博士期间的工作。本工作从实验药品和主要仪器、材料制备方法、材料表征和催化性能研究等方面进行详细介绍。最后对其他几种典型卤素钙钛矿催化剂进行总结。

参考文献

[1] Shamsi J, Urban A S, Imran M, et al. Metal halide perovskite nanocrystals: synthesis, post-synthesis modifications, and their optical properties[J]. Chemical Reviews, 2019, 119(5): 3296-3348.

[2] He X, Qiu Y, Yang S. Fully-inorganic trihalide perovskite nanocrystals: a new research frontier of optoelectronic materials[J]. Advanced Materials, 2017, 29(32): 1700775.

[3] Zhao Y, Zhu K. Organic-inorganic hybrid lead halide perovskites for optoelectronic and electronic applications[J]. Chemical Society Reviews, 2016, 45(3): 655-689.

[4] Manser J S, Christians J A, Kamat P V. Intriguing optoelectronic properties of metal halide perovskites[J]. Chemical Reviews, 2016, 116(21): 12956-13008.

[5] Protesescu L, Yakunin S, Kumar S, et al. Dismantling the "red wall" of colloidal perovskites: highly luminescent formamidinium and formamidinium-

cesium lead iodide nanocrystals[J]. ACS nano, 2017, 11(3): 3119-3134.

[6] Li W, Wang Z, Deschler F, et al. Chemically diverse and multifunctional hybrid organic-inorganic perovskites[J]. Nature Reviews Materials, 2017, 2(3): 16099

[7] Travis W, Glover E N K, Bronstein H, et al. On the application of the tolerance factor to inorganic and hybrid halide perovskites: a revised system[J]. Chemical Science, 2016, 7(7): 4548-4556.

[8] Snaith H J. Present status and future prospects of perovskite photovoltaics[J]. Nature Materials, 2018, 17(5): 372-376.

[9] Protesescu L, Yakunin S, Bodnarchuk M I, et al. Nanocrystals of cesium lead halide perovskites ($CsPbX_3$, X= Cl, Br, and I): novel optoelectronic materials showing bright emission with wide color gamut[J]. Nano Letters, 2015, 15(6): 3692-3696.

[10] Amgar D, Binyamin T, Uvarov V, et al. Near ultra-violet to mid-visible band gap tuning of mixed cation Rb x $Cs_{1-x}PbX_3$ (X= Cl or Br) perovskite nanoparticles[J]. Nanoscale, 2018, 10(13): 6060-6068.

[11] Wu H, Yang Y, Zhou D, et al. Rb^+ cations enable the change of luminescence properties in perovskite ($RbxCs_{1-x}PbBr_3$) quantum dots[J]. Nanoscale, 2018, 10(7): 3429-3437.

[12] Liu W, Lin Q, Li H, et al. Mn^{2+}-doped lead halide perovskite nanocrystals with dual-color emission controlled by halide content[J]. Journal of the American Chemical Society, 2016, 138(45): 14954-14961.

[13] Parobek D, Roman B J, Dong Y, et al. Exciton-to-dopant energy transfer in Mn-doped cesium lead halide perovskite nanocrystals[J]. Nano letters, 2016, 16(12): 7376-7380.

[14] Zou S, Liu Y, Li J, et al. Stabilizing cesium lead halide perovskite lattice through Mn (II) substitution for air-stable light-emitting diodes[J]. Journal of the American Chemical Society, 2017, 139(33): 11443-11450.

[15] Yao J S, Ge J, Han B N, et al. Ce^{3+}-doping to modulate photoluminescence kinetics for efficient $CsPbBr_3$ nanocrystals based light-emitting diodes[J]. Journal of

the American Chemical Society, 2018, 140(10): 3626-3634.

[16] Begum R, Parida M R, Abdelhady A L, et al. Engineering interfacial charge transfer in $CsPbBr_3$ perovskite nanocrystals by heterovalent doping[J]. Journal of the American Chemical Society, 2017, 139(2): 731-737.

[17] Zhao Y S, Fu H, Peng A, et al. Low-dimensional nanomaterials based on small organic molecules: preparation and optoelectronic properties[J]. Advanced Materials, 2008, 20(15): 2859-2876.

[18] Papavassiliou G C, Pagona G, Karousis N, et al. Nanocrystalline/microcrystalline materials based on lead-halide units[J]. Journal of Materials Chemistry, 2012, 22(17): 8271-8280.

[19] Li X, Yu D, Cao F, et al. Healing all-inorganic perovskite films via recyclable dissolution-recyrstallization for compact and smooth carrier channels of optoelectronic devices with high stability[J]. Advanced Functional Materials, 2016, 26(32): 5903-5912.

[20] Akkerman Q A, Park S, Radicchi E, et al. Nearly monodisperse insulator Cs_4PbX_6 (X= Cl, Br, I) nanocrystals, their mixed halide compositions, and their transformation into $CsPbX_3$ nanocrystals[J]. Nano letters, 2017, 17(3): 1924-1930.

[21] Shamsi J, Dang Z, Ijaz P, et al. Colloidal CsX (X= Cl, Br, I) nanocrystals and their transformation to $CsPbX_3$ nanocrystals by cation exchange[J]. Chemistry of Materials, 2017, 30(1): 79-83.

[22] Hassan Y, Song Y, Pensack R D, et al. Structure - Tuned Lead Halide Perovskite Nanocrystals[J]. Advanced materials, 2016, 28(3): 566-573.

[23] Chen J, Dong C, Idriss H, et al. Metal Halide Perovskites for Solar-to-Chemical Fuel Conversion[J]. Advanced Energy Materials, 2019: 1902433.

[24] Guo S H, Zhou J, Zhao X, et al. Enhanced CO_2 photoreduction via tuning halides in perovskites[J]. Journal of Catalysis, 2019, 369: 201-208.

[25] Wang Y, Li X, Song J, et al. All-inorganic colloidal perovskite quantum dots: a new class of lasing materials with favorable characteristics[J]. Advanced materials, 2015, 27(44): 7101-7108.

[26] Ou M, Tu W, Yin S, et al. Amino - assisted anchoring of $CsPbBr_3$

perovskite quantum dots on porous g-C_3N_4 for enhanced photocatalytic CO_2 reduction[J]. Angewandte Chemie International Edition International Edition, 2018, 130(41): 13758-13762.

[27] Protesescu L, Yakunin S, Bodnarchuk M I, et al. Monodisperse formamidinium lead bromide nanocrystals with bright and stable green photoluminescence[J]. Journal of the American Chemical Society, 2016, 138(43): 14202-14205.

[28] Qamar S, Lei F, Liang L, et al. Ultrathin TiO_2 flakes optimizing solar light driven CO_2 reduction[J]. Nano Energy, 2016, 26: 692-698.

[29] Debroye E, Van Loon J, Yuan H, et al. Facet-dependent photoreduction on single ZnO crystals[J]. The journal of physical chemistry letters, 2017, 8(2): 340-346.

[30] Chang J, Ahmed R, Wang H, et al. ZnO nanocones with high-index $\{10\bar{1}\bar{1}\}$ facets for enhanced energy conversion efficiency of dye-sensitized solar cells[J]. The Journal of Physical Chemistry C, 2013, 117(27): 13836-13844.

[31] Liu J, Liu Y, Liu N, et al. Metal-free efficient photocatalyst for stable visible water splitting via a two-electron pathway[J]. Science, 2015, 347(6225): 970-974.

[32] Chen X, Liu L, Peter Y Y, et al. Increasing solar absorption for photocatalysis with black hydrogenated titanium dioxide nanocrystals[J]. Science, 2011, 331(6018): 746-750.

[33] Shi L, Wang T, Zhang H, et al. Electrostatic Self-Assembly of Nanosized Carbon Nitride Nanosheet onto a Zirconium Metal-Organic Framework for Enhanced Photocatalytic CO_2 Reduction[J]. Advanced functional materials, 2015, 25(33): 5360-5367.

[34] Xu Q, Yu J, Zhang J, et al. Cubic anatase TiO_2 nanocrystals with enhanced photocatalytic CO_2 reduction activity[J]. Chemical Communications, 2015, 51(37): 7950-7953.

[35] Xu Y F, Yang M Z, Chen B X, et al. A $CsPbBr_3$ perovskite quantum dot/graphene oxide composite for photocatalytic CO_2 reduction[J]. Journal of the

American Chemical Society, 2017, 139(16): 5660-5663.

[36] Hou J, Cao S, Wu Y, et al. Inorganic colloidal perovskite quantum dots for robust solar CO_2 reduction[J]. Chemistry-A European Journal, 2017, 23(40): 9481-9485.

[37] Liu Y W, Guo S, You S, et al. Mn-doped CsPb(Br/Cl)3 mixed-halide perovskites for CO2 photoreduction[J]. Nanotechnology, 2020, 31(21): 215605.

[38] Shyamal S, Dutta S K, Pradhan N. Doping Iron in $CsPbBr_3$ Perovskite Nanocrystals for Efficient and Product Selective CO_2 Reduction[J]. The Journal of Physical Chemistry Letters, 2019, 10(24): 7965-7969.

[39] Kong Z C, Liao J F, Dong Y J, et al. Core@shell $CsPbBr_3$@Zeolitic imidazolate framework nanocomposite for efficient photocatalytic CO_2 reduction[J]. ACS Energy Letters, 2018, 3(11): 2656-2662.

[40] Wu L Y, Mu Y F, Guo X X, et al. Encapsulating Perovskite Quantum Dots in Iron-Based Metal-Organic Frameworks (MOFs) for Efficient Photocatalytic CO_2 Reduction[J]. Angewandte Chemie International Edition International Edition, 2019, 58(28): 9491-9495.

[41] Jiang Y, Liao J F, Chen H Y, et al. All-Solid-State Z-Scheme α-Fe_2O_3/Amine-RGO/$CsPbBr_3$ Hybrids for Visible-Light-Driven Photocatalytic CO_2 Reduction[J]. Chem, 2020, 6(3): 766-780

[42] Zhou L, Xu Y F, Chen B X, et al. Synthesis and Photocatalytic Application of Stable Lead-Free $Cs_2AgBiBr_6$ Perovskite Nanocrystals[J]. Small, 2018, 14(11): 1703762.

[43] Bhosale S S, Kharade A K, Jokar E, et al. Mechanism of Photocatalytic CO_2 Reduction by Bismuth-Based Perovskite Nanocrystals at the Gas-Solid Interface[J]. Journal of the American Chemical Society, 2019, 141(51): 20434-20442.

第 7 章　金属纳米簇用于光催化CO_2还原

7.1　金属纳米簇的简介

纳米科学的发展始于20世纪80年代初，Vert[1]等人将尺寸在1 ~ 100 nm范围内的任何形状的粒子称为纳米粒子。随后在纳米科学领域出现了“簇”，“簇”起初被广泛应用于其他领域，它在1914年以后才出现在化学领域。在化学领域中，Steigerwald和Brus[2]首次使用“纳米团簇”来描述量子半导体纳米团簇。纳米团簇是一种大的团簇，可以通过周围的保护基团来稳定其结构，随着“纳米团簇”这一概念的发展，它还被用于描述金属粒子和大型的金属团簇，因此出现了金属纳米簇。金属纳米簇是由几十个金属原子形成的团簇，直径一般在2 nm左右。一个金属簇是由许多紧密排列在一起的金属中心组成，这些金属中心可以由直接的金属键相互作用或通过桥接配体相互作用结合在一起。在过去的几十年中，金属纳米团簇的发展和研究取得了很大进步，关于金属纳米簇的发现和应用也进一步得到完善。

7.2　金属纳米簇的分类

金属纳米簇因其独特的结构和优异的物理化学性质，所以在光催化、热催化和电催化等领域得到了广泛的应用。然而，由于传统的金属纳米粒子具有潜在的不稳定性，因此一般是难以实现组装结构的精准调控，这为深入研究带来了挑战。因金属纳米团簇具有较小的尺寸（< 2 nm），所以可以将其看作

超小的金属纳米粒子，从而进行多种金属纳米簇的组装、同种金属组装和异种金属组装等。本书根据其组装成功后的金属纳米团簇进行分类，可以分为贵金属纳米簇和非贵金属纳米簇。

7.2.1 贵金属纳米簇

贵金属纳米团簇（NCs）在纳米科学和纳米技术领域已成为一种新型的功能纳米材料。贵金属包括金、银、铂、钯、钌等八种元素，贵金属纳米团簇是一类由几个或几十个甚至更多Au、Ag或者Pt等贵金属元素原子组合在一起形成的金属核中心，同时由一些有机配体、大的有机分子和金属有机框架等复合形成的团簇。在这个团簇里，无机核中的金属决定了团簇的物理性质而有机配体壳和大的有机分子材料决定了它们周围的环境和部分结构功能。正是由于这些特殊的性质而被广泛应用于催化领域。

以研究较早、发展较快的Au纳米团簇为例来阐述贵金属纳米团簇的特点。Au是具有高度惰性的贵金属元素，过去一直被认为没有催化活性，而目前，金纳米簇（Au NCs）是金属纳米团簇中稳定性最好的纳米团簇之一[3-4]。并且，Au NCs合成已较为成熟，通常是利用$HAuCl_4$为金属前驱体与生物大分子或有机配体组合形成团簇，尺寸通常介于小分子和金属纳米颗粒之间（约2 nm），具有较高的比表面积和丰富的不饱和活性位点。

7.2.2 非贵金属纳米簇

由于贵金属在地壳中的丰度极低而且价格昂贵，并且随着各种需求的不断增加，已严重限制了贵金属在工业应用中的大规模使用。研究人员在近几年来一直在寻找更加经济实用的催化剂，其中，价格更为低廉的非贵金属而备受关注。近年来，非贵金属催化剂应用范围也越来越广泛，特别是稀土基纳米簇和过渡金属基纳米簇。

稀土包括钪和钇等十五种镧系元素，广泛应用于电子器件、高性能合金、可控发光、玻璃陶瓷制造等各个领域。值得注意的是，很大比例的稀土纳米簇被用于催化。稀土纳米簇可以根据它的合成方法、结构和组成等多种方法进行分类，根据组成可分为：单一稀土氧化物催化剂，稀土复合氧化物催化剂和稀土金属催化剂等[5]。如稀土氧化物纳米簇催化剂是利用稀土原子的电子结构中有部分充满的4f轨道，很容易获得或失去电子以辅助催化反应中的电荷转移或者与其它金属氧化物结合而表现出优异的催化性能。例如，铈[6]是稀土中最丰富的元素，CeO_2具有丰富的氧空位和不稳定的价态，在Ce^{3+}和Ce^{4+}之间变化，以CeO_2为载体，固定其他金属或金属氧化物，可带来独特的电子相互作用和协同效应，从而有可能催化CO_2加氢以及还原为其他物质的等高附加值反应，所以稀土金属纳米簇是纳米簇材料中的重要组成部分。

过渡金属基纳米簇在性能和合成方面的研究相对贵金属纳米簇而言较少，但是由于其具有独特的电子结构、光学和催化性能、环境友好和资源丰富等特点而被研究者们广泛研究，过渡金属主要有Ti、V、Cr、Mn、Fe、Co、Ni、Cu、Zn等金属元素，其中Cu基纳米簇作为近几十年发现的新型荧光纳米材料，具有无毒、水溶性较好和在可见光和近红外区有较好的光电吸收特点，被很好地利用在光催化应用领域中，所以在本书介绍的光催化CO_2还原的过渡金属基纳米簇时主要介绍Cu基纳米簇。

7.3　金属纳米簇在光催化CO_2还原中的应用

由于金属纳米簇具有独特的结构和优异的光动力学性能，因此近年来金属纳米簇不仅在光催化领域引起了广泛的关注，而且它们在光催化等研究方向中表现出良好的发展前景，例如光催化有机反应[7]、光催化有机物降解[8]和光催化CO_2还原[9-12]等。本章主要总结贵金属纳米簇和非贵金属纳米簇（稀土基纳米簇、铜基纳米簇）在光催化CO_2还原方面的应用。

7.3.1　贵金属纳米簇在光催化CO_2还原中的应用

在过去的几十年中，贵金属因为其本身良好的电子结构而被广泛关注，为了提高单一贵金属的性能，将其与其他材料进行复合，从而产生不同的作用原理，使得贵金属基复合材料在光催化CO_2还原等领域中得到了更多应用，本章主要以贵金属与半导体材料和有机配体材料等结合的催化剂为例介绍贵金属纳米簇在光催化CO_2还原中的应用。

最早出现并用于光催化CO_2还原的催化剂是半导体材料，但由于单一的半导体材料具有对光的吸收能力较弱、带隙宽、量子产率较低（例如二氧化钛、聚合物半导体石墨相氮化碳等）以及电子和空穴的复合速度较快等缺点，研究者们通过加入贵金属来增大半导体材料对光的吸收能力以及减小电子和空穴的复合。如TiO_2与Pd的组合研究中，基于晶体助催化剂外层原子向无序相转变的表面非晶化策略，制备了半核壳型助催化剂[15]。根据研究过程的理论和实验分析，在异质结构助催化剂中，晶核因可以与捕光强的半导体电子发生耦合作用，将光激发电子从半导体转移到非晶壳层中；同时，非晶态壳层为CO_2的优先活化和转化提供了有效的活性位点。结果表明光催化性能的增强是由于晶核与非晶态壳层之间的协同作用，Pd核在整个过程中起到“桥梁”作用，使电子从TiO_2向非晶态壳层的转移更加平稳。同时，非晶态Pd壳层提供了高度活性和选择性的位点，在2022年，Huang等人[16]成功开发出一种在气–水界面处支撑Ag修饰TiO_2纳米颗粒的三相光催化CO_2还原系统。同年，Li[17]等研究者们利用无机半导体（$ZnIn_2S_4$）与分子催化剂（FeTCPP）组合，引入贵金属Ag和Au，实现高效率光催化CO_2还原。在本研究中，$ZnIn_2S_4$首先通过溶剂热法合成，然后利用硫空位缺陷还原贵金属前驱体，将金（Au）和银（Ag）纳米颗粒沉积在$ZnIn_2S_4$，所得复合材料进一步与分子催化剂结合用于高效光催化CO_2转换。经过实验和理论研究表明：贵金属Ag和Au纳米颗粒的引入有利于电荷分离，最重要的是贵金属Ag纳米粒子的存在是促进无机半导体和分子催化剂之间电荷转移的重要桥梁，而Au纳米粒子则作为反应的活性位点。

石墨烯等碳质材料具有优异的光吸收性能，然而它在调控带隙和优化电子–空穴分离方面仍然存在诸多挑战，因此在光催化CO_2还原过程中表现出较低的活性和选择性。武汉大学江浩庆和普渡大学Guo等人[18]利用氮掺杂石墨烯材料与贵金属（Au、Ag和Pt），结合形成有序排列的氮掺杂石墨烯纳米气泡材料M–NGNM（M=Au、Ag和Pt）催化剂，像植物中叶绿素一样模拟自然光下植物叶片的光合作用来将CO_2还原。该催化剂不仅通过石墨烯材料模仿叶片的光学结构来有效吸收和散射太阳光，同时利用该材料中含有的氮原子与引入不同的贵金属金属配位作为催化位点和精准调控氮掺杂石墨烯的禁带宽度来驱动光催化CO_2还原。经过实验表征证明：Au–NGNM用于CO_2还原表现出高达

11.14 mmol/（g·h）的CO产率和95%的选择性，是迄今为止所报道的碳基和金属基催化剂中性能最好的催化剂之一。2022年黄宇等人[19]开发出一种聚合物氮化碳（CN）负载贵金属单原子Pt 催化剂，将其在水蒸气存在的情况下，将CO_2高选择性地还原为甲烷。在此催化剂中贵金属Pt 独立分散，并与CN 进行配位在特定的位置光生电子，也可以起到CO_2 吸附和活化的作用，贵金属Pt在其中起着不可替代的作用。

金属有机框架（MOFs），具有丰富的孔道、较高的比表面积和大量可修饰的位点，而贵金属具有独特的光电催化活性，当二者相结合时，可以形成组成丰富、结构多样和稳定性好以及在催化反应中产生一定的协同作用的催化材料，并通过改变和调节参与反应表面的催化位点和催化位点周围的环境来提高催化性能。

2021年，Jiang等人[14]通过MOFs中的配体，固定和功能化超小金纳米团簇（Au–NC），实现了超细和高度分散的Au–NCs纳米粒子分布在 UiO–68–NHC有序阵列中，UiO–68–NHC和 Au NCs之间的共价桥使合成材料具有高度的光稳定性和化学稳定性。这项研究里显示，没有与MOF结合的贵金属纳米簇材料催化性能远远低于组合后的Au@MOF贵金属纳米簇的催化性能。2018年Cui等人[20]认为Au–NC可能存在潜在捕获可见光的特性，但由于缺乏催化位点，很难实现太阳能驱动的CO_2还原。因此研究者作者想到通过有机配体（L –半胱氨酸）将其他金属盐离子嫁接到Au–NCs 上，这样可以促使二者之间的电子转移。以上的研究说明贵金属纳米簇可以通过与其他材料的结构功能组装来发挥重要的作用，进而提高光催化CO_2还原的性能。

对于在光催化CO_2还原的在众多贵金属光催化剂中，通常是以Pt、Pd、Au等作为活性组分。在光催化CO_2还原中，Pt应用得比较广泛，主要是作为助催化剂吸收光将能量传递到光催化剂上和促进反应过程中的电荷转移；与Pt相比，Pd有更优异的水热稳定性，在一般条件下要比其他贵金属更高的催化活性，研究最成熟；而Au在最开始被认为是最具有惰性的金属，在1994年发现具有低温氧化性能之后，Au便成为国际上的热门催化剂，但Au的催化剂活性较其他贵金属不稳定。所以在光催化CO_2还原中，通常是根据贵金属的特点和反应的条件将贵金属负载到载体上，得到负载性贵金属催化剂参与反应，提高催化性能。

7.3.2 非贵金属纳米簇在光催化CO_2还原中的应用

1. 稀土金属纳米簇

稀土元素由于其有部分充满的4f轨道，在光催化反应过程中，容易接受光生电子，并和吸附在催化剂表面的反应物进行电子传递，所以稀土金属可以作为很好的催化剂辅助加快电子的转移[27]。2020年研究报道稀土单铒原子增强光催化CO_2还原性能。在这项工作中作者采用一种新的ACC策略（atom-confinement and coordination）实现了稀土单铒（Er）的合成和Er原子负载在氮化碳纳米管（Er_1/CN-NT）上[21]。复合催化剂Er_1/CN-NT具有可调节原子密度的优势，这使得稀土金属具有单原子尺度的独特结构特性，从而赋予了复合催化剂独特的CO_2光催化还原性能。另一研究在溴氧化铋（BiOBr）中发现了受阻路易斯酸碱对（FLP）如图7-1所示[22]，它们是激活和光催化还原CO_2的有效催化位点。在BiOBr引入Ce^{4+}和氧空位可以优化其的电子态和FLP性能。实验和理论计算表明Ce^{4+}和O^{2-}能形成受阻Lewis酸碱对，捕获、激发并将CO_2还原为CO，产率高达50.9 μL/h，是原始BiOBr的9.8倍。

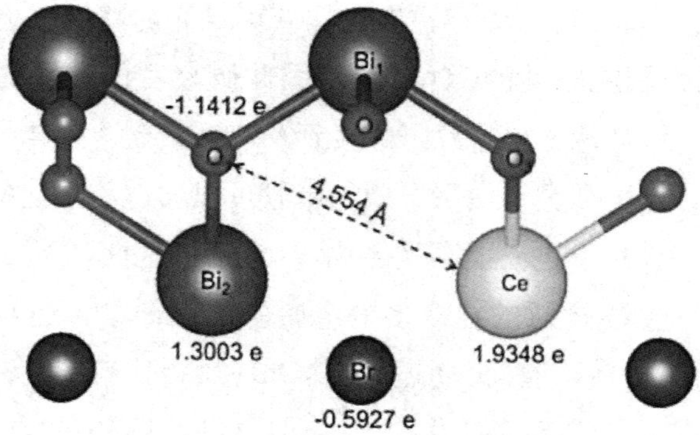

图7-1 受阻路易斯酸碱对[22]

如图7–2所示，具有表面氧空位的Ce取代BiOBr对CO_2还原表现出FLP催化行为。氧空位（OVs）的表面结合缺陷是形成表面孤立Lewis酸性和碱性位点，产生Ce^{4+}–O^{2-}表面FLP对和增强其CO_2活化能力的关键。在整个催化过程中引入Ce^{4+}和氧空位可以优化BiOBr的电子状态和FLP性能，这比原始的催化剂性能提高了9.8倍，表明稀土元素的掺入对催化活性有很大的影响。

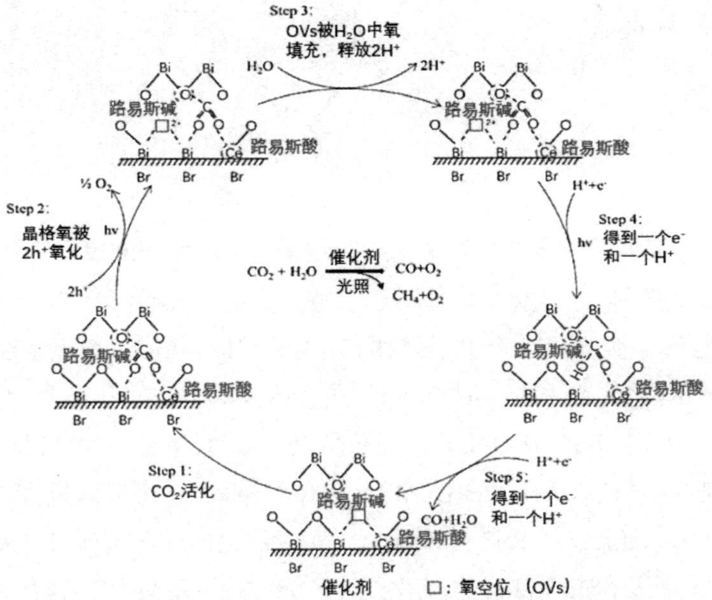

图7–2　Ce- BiOBr的光催化机制[22]

另一方面，稀土元素可以通过与其他材料结合形成一种新型的材料，从而具有特殊的结构和优异的催化性能。近年来，稀土金属有机骨架（RE-MOFs），作为一种新型MOFs，因其丰富的配位行为、可调节的通道和稳定的框架而受到越来越多的关注。在RE–MOFs中，配体到金属的电荷转移（LMCT）有助于电子和空穴的分离，减少电子–空穴复合，表现出非常强的吸收太阳光的能力，从而在光催化中也表现出优异的催化活性，在CO_2还原等方面有很大的应用前景。2018年，Yan等人[23]在稀土基金属有机框架材料光催化还原CO_2的研究中取得了重要进展，在此研究中巧妙地将有催化活性的稀土簇化合物与光敏剂复合在一起，形成了Eu–Ru（phen）$_3$–MOF催化剂这种催化剂的光生电子从Ru光中心转移到Eu的双核催化位点上，经过一个双电子的过程实现了高效的光催化CO_2还原性能，产物为甲酸，催化机理如图7–3所示。

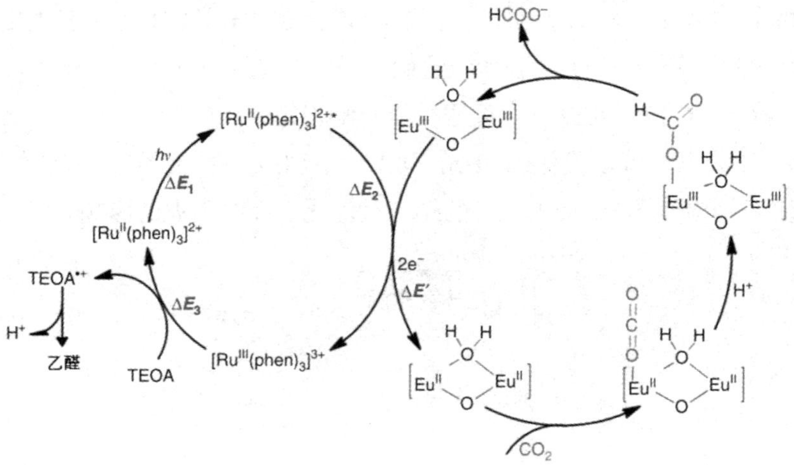

图7-3　提出了光催化CO_2还原生成HCOOH的催化机理 [23]

在可见光照射下，配体［Ru^{II}（phen）$_3$］被激发成三价激发态{［Ru^{II}（phen）$_3$］}*，它可以通过多步弛豫将一个电子转移到［Eu^{III}–H_2O–Eu^{III}］单元上面，并生成［Ru^{III}（phen）$_3$］，而［Eu^{III}–H_2O–Eu^{III}］单元从两个相邻的［Ru^{II}］分别接收了两个电子，给了［Eu^{II}–H_2O–Eu^{II}］双核位点，从而催化位点可以在双电子过程中选择性地将CO_2还原为HCOOH，最后，［Ru^{III}（phen）$_3$］可以通过牺牲试剂三乙醇胺（TEOA）还原为［Ru^{II}（phen）$_3$］完成催化循环。这项研究展示了基于{Eu（Ⅲ）}$_2$团簇和Ru（phen）$_3$衍生配体的光敏稀土基MOF，具有可见光驱动CO_2还原的高催化活性。

综上所述的两个例子，由于稀土的特殊电子结构和性质，可以作为单原子或者掺杂到其他催化剂中，提高光催化CO_2还原的效率。

2. Cu基纳米簇

铜是一种价格低廉、具有多种氧化态的元素，意味着在材料开发方面可以形成金属纳米颗粒和不同价态的氧化物，与其他典型的光催化剂相比，铜基催化剂具有更小的能带值和更高的导带值，从而导致光催化产物复杂，这里将重点介绍光催化CO_2还原为C1产物。铜纳米团簇（Cu-NCs）非常脆弱，因为它们的尺寸非常小，表面能非常高，Cu-NCs的聚集通常是不可避免的。目前Cu–NCs研究的重点主要是通过Cu及其氧化物与其他材料结合发生相互作用，进而提高催化性能。下面基于Cu、CuO、Cu_2O来介绍Cu基纳米簇催化剂在光催化CO_2还原方面的应用。

2020年，Wang等人[24]采用光诱导法在UiO-66-NH_2载体上形成了Cu单原子（Cu-SAs/UiO-66-NH_2），促进了光催化还原CO_2产生液体燃料。理论计算表明，铜原子的引入使HOMO轨道和LUMO轨道下降，不仅降低了能带间能量，而且有利于CO_2向CHO*中间体转化，从而提高甲醇和乙醇的选择性。2022年，研究发现，室温下将超细小的Cu纳米在没有发生Cu-NC聚集的前提下通过封装在Zr-MOF中形成了核壳结构，这种复合型核壳结构的催化效率明显高于简单地将Cu-NC穿插在MOF孔道中的催化效率，Cu^I作为反应活性位点能有效地促进CO_2光催化还原[13]。单纯MOF材料将CO_2还原为HCOOH的生成量远小于含Cu的催化剂，而且目标催化剂的催化效率比简单的穿插MOF孔道的效率要高很多，进一步说明Cu-NC与其他材料不同的作用方式，也能够影响光催化CO_2还原的效率。

在早期的研究中人们发现，CuO纳米材料可以有效地吸收可见光并产生光生电子和空穴。但是它的缺点是CuO的带隙较窄，导致电子与空穴的快速重组使其无法具有高效的光催化反应效率，研究者们通过引入高导电性材料来加速光生电子的转移，减少光生载流子的重组。在2017年，Zhang等人[25]制备了还原氧化石墨烯（rGO）与CuO/Cu_2O纳米线复合催化剂，他们发现CuO和石墨烯的LUMO导带位置接近，石墨烯的高导电性使CuO/Cu_2O纳米线的电子很容易转移到rGO纳米片上。如图7-4所示，CuO/Cu_2O NWAs@rGO样品比原来CuO/Cu_2O 纳米线样品在模拟太阳光下的光催化还原CO_2的活性更高，表明CuO与其他半导体的复合可以形成异质结构，可以有效抑制光生电子空穴的复合，提高催化产率。

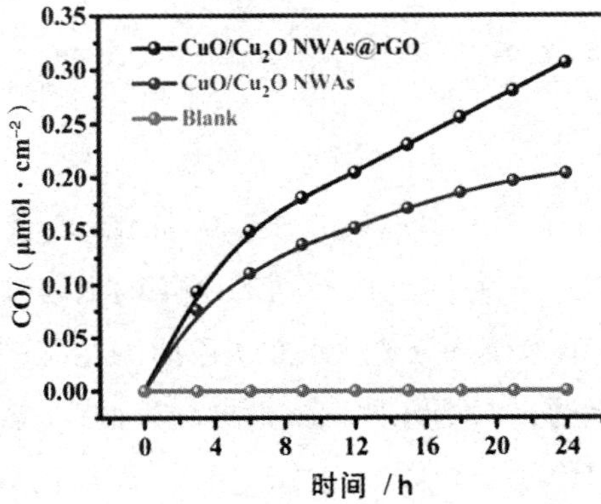

图7-4　CuO/Cu_2O NWAs和CuO/Cu_2O NWAs@rGO光催化产生CO的研究[25]

纯氧化亚铜是一种半导体材料，材料的结构和形态会影响材料的电子结构。在2022年，He等人制备了Cu@Cu_2O纳米颗粒嵌入三维蜂窝状氮掺杂石墨碳（N–GCs）的核壳催化剂材料，其中三维蜂窝状N–GC结构不仅可以作为核壳Cu@Cu_2O的优良载体还能提供充足的活性位点和快速的电子传输通道[26]。如图7–5（a）所示，复合材料形成前，N–GC、Cu和Cu_2O分别为3.48、4.65和5.66 eV，当Cu，Cu_2O和N–GC复合形成Cu@Cu_2O / N–GC催化剂，靠近费米能级N–GC的电子会转移到Cu_2O上，直到整个催化剂形成平衡费米能级。如图7–5（b）所示，具有交错带结构的Cu_2O和N–GC两种半导体可以形成S型异质结，N–GC的CB边和VB边都高于Cu_2O和Cu。在可见光照射下，N–GC和Cu_2O均产生光生电子和空穴，Cu_2O-CB中的激发电子可以转移到N–GC的费米能级与N–GC的VB上的光生空穴重新结合，因此N–GC的CB上的光生电子比纯N–GC的电子寿命更长。因此，Cu@Cu_2O/N–GC异质结中可以提高电子空穴对的转移和分离效率，显著地抑制了它们的复合，从而提高了光催化性能。

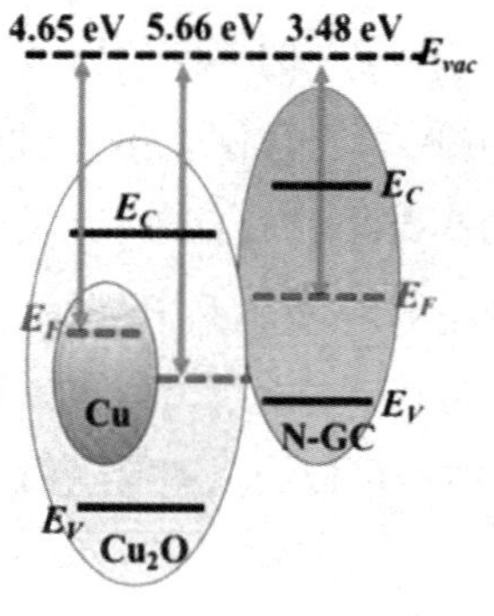

（a）Cu、Cu_2O和N–GC接触前的功函数

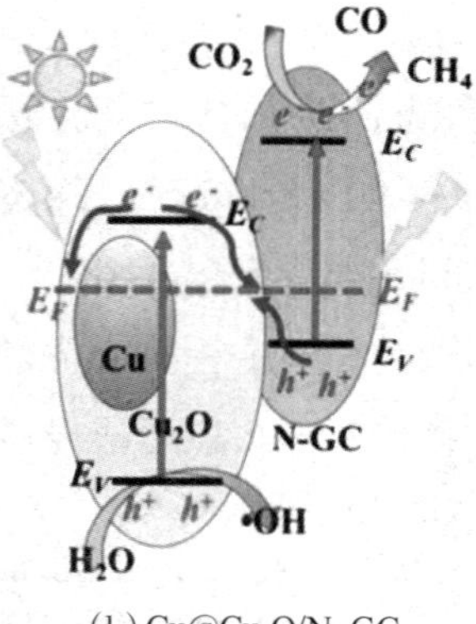

（b）Cu@Cu_2O/N–GC可能的光催化机理

图7–5

综上所述，虽然，不同的金属纳米簇在光催化CO_2还原过程中的特点不同，需要根据所解决的问题不同选用不同的金属纳米簇来作为催化剂，如表7–1所示。但是，金属纳米簇用于光催化CO_2还原的过程中的作用方式是相同的。金属纳米簇主要是通过以下几种方式来提高光催化CO_2还原的催化效率。首先，金属纳米簇可以作为半导体（主催化剂）光催化剂的助催化剂，有助于改善半导体的光吸收，调控界面光生载流子分离迁移动力学，同时也会在反

应过程中提供丰富的表面活性位点，提高光催化CO_2还原的效率；其次，因为金属纳米簇中的不同金属的加入可以调节带隙的宽窄，所以可以利用不同金属纳米簇的金属与其他材料的结合形成异质结而产生能带差异，从而促进光催化中光生电子和空穴的分离，提高催化效率。最后，金属纳米团簇还可以通过表面等离子共振直接作为光催化剂，与传统的直接将金属纳米团簇直接分散在半导体结构相比较，金属纳米团簇可以通过所选的金属离子的电子结构特点、与半导体结合的排列方式的不同和对金属纳米团簇尺寸大小和形貌的调整，都可以产生表面等里字体共振耦合效应可以使周围电磁场效应显著增强，大大提高在光催化反应中光生电荷的生成效率和寿命。因此，在以后的科学研究中，我们可以根据选取不同金属纳米簇和不同的作用方式构建多类型的金属纳米簇用来提高光催化CO_2还原的效率。

表7–1　金属纳米簇在光催化CO_2还原中的应用特点

贵金属纳米簇	非贵金属纳米簇	
	稀土基纳米簇	Cu基纳米簇
1. 易吸附CO_2气体。 2. 贵金属与其它催化材料（例如：无机半导体和有机物等）易于组合，可以调节界面之间的电荷转移过程提升催化表面的吸附位点和局域电子密度。 3. 不同贵金属的加入调节催化剂的带隙宽窄，来提高光催化CO_2还原的效率	1. 基于软硬酸碱理论，稀土氧化物表现出一定的碱性，可以促进对酸性氧化物CO_2的吸附。 2. 稀土特殊的电子结构。（例如Ce），有利于氧空位的形成，可以作为CO_2的吸附和活化位点。 3. 稀土纳米簇对可见光具有较强的吸收能力，可以有效利用太阳光。 4. 储存量较贵金属比较丰富	1. Cu的存在形式较多，可以产生多样的还原产物，提高产物选择性。 2. 常见的金属催化剂，具有较低的陈本和丰富的资源

7.4 本章小结

本章首先简单介绍纳米簇，然后根据金属核性质分为贵金属和非贵金属两类纳米簇，其中在非贵金属纳米簇中又重点介绍了稀土基和铜基纳米簇。结合近几年的CO_2光催化还原成果，发现纳米簇材料是一类很有发展前景的催化剂。

参考文献

[1] Park H, Shin D J, Yu J. Categorization of quantum dots, clusters, nanoclusters, and nanodots [J]. Journal of Chemical Education, 2021, 98: 703-709.

[2] Ishida T, Murayama T, Taketoshi A. Importance of size and contact structure of gold nanoparticles for the genesis of unique catalytic processes [J]. Chemical Reviews, 2020, 120: 464-525.

[3] Chai O J H, Liu Z, Chen T, et al. Engineering ultrasmall metal nanoclusters for photocatalytic and electrocatalytic applications [J]. Nanoscale, 2019, 11: 20437-20448.

[4] Yang T H, Ahn J, Shi S et al. Noble-metal nanoframes and their catalytic applications [J]. Chemical Reviews, 2021, 121: 796-833.

[5] Sun X, Yuan K, Zhang Y. Advances and prospects of rare earth metal-organic frameworks in catalytic applications [J]. Journal of Rare Earths, 2020, 18: 801-818.

[6] Wu X P, Gagliardi L, Truhlar D G. Cerium Metal-Organic Framework for photocatalysis [J]. Journal of the American Chemical Society, 2018, 148: 7904-7912.

[7] Awfa D, Ateia M, Fujii M. Photocatalytic degradation of organic micropollutants: Inhibition mechanisms by different fractions of natural organic matter [J]. Water Research, 2020, 174: 115643.

[8] Dai Z, She X, Wang C, et al. Thermodynamic analysis on the performance of barocaloric refrigeration systems using neopentyl glycol as the refrigerant [J]. Journal of Thermal Science, 2023, 32: 1063-1073.

[9] Qi X, Zhong M, Chen C, et al. Single metal–organic cage decorated with an Ir(III) complex for CO_2 photoreduction [J]. ACS Catalysis, 2021, 11: 7241-7248.

[10] Zhou M, Wang Z, Mei Z, et al. Photocatalytic CO_2 reduction using La-Ni bimetallic sites within a covalent organic framework [J]. Nature Communications,

2023, 14: 2473.

[11] Huang A, Wan L, Caro J, et al. Microwave-assisted synthesis of well-shaped UiO-66-NH_2 with high CO_2 adsorption capacity [J]. Materials Research Bulletin, 2018, 98: 308-313.

[12] Singh S, Punia R, Pant K.K, et al. Effect of work-function and morphology of heterostructure components on CO_2 reduction photo-catalytic activity of MoS_2-Cu_2O heterostructure [J]. Chemical Engineering Journal, 2022, 433:132709.

[13] Dai S, Kajiwara T, Ikeda M, et al. Ultrasmall copper nanoclusters in zirconium metal-organic frameworks for the photoreduction of CO_2 [J]. Angewandte Chemie International Edition International Edition, 2022, 61(43): e202211848.

[14] Jiang Y, Yu Y, Zhang X, et al. N-heterocyclic carbene-stabilized ultrasmall gold nanoclusters in a metal-organic framework for photocatalytic CO_2 Reduction [J]. Angewandte Chemie International Edition International Edition, 2021, 60: 17388-17393.

[15] Hussain M H, Abu Bakar N F, Mustapa A N. Synthesis of various size gold nanoparticles by chemical reduction method with different solvent polarity [J]. Nanoscale Research Letters, 2020, 15 (140).

[16] Huang H, Shi R, Li Z, et al. Triphase photocatalytic CO_2 reduction over silver - decorated Titanium Oxide at a gas–water boundary [J]. Angewandte Chemie International Edition International Edition, 2022, 61(17): e202200802.

[17] Li P, Jia X, Zhang J, et al. The roles of gold and silver nanoparticles on $ZnIn_2S_4$/silver (gold)/tetra(4-carboxyphenyl)porphyrin iron(III) chloride hybrids in carbon dioxide photoreduction [J]. Journal of Colloid and Interface Science, 2022, 628: 831-839.

[18] Guo S, Song C, Liu F, et al. Bionic optical leaf for photoreduction of CO_2 from noble metal atom mediated graphene nanobubble arrays [J]. ACS Nano, 2022, 16: 1909-1918.

[19] Shi X, Huang Y, Bo Y, et al. Highly selective photocatalytic CO_2 methanation with water vapor on single-atom platinum-decorated defective carbon nitride [J]. Angewandte Chemie International Edition International Edition, 2022,

61(27): e202203063.

[20] Cui X, Wang J, Liu B, et al. Turning Au nanoclusters catalytically active for visible-light-driven CO_2 reduction through bridging ligands [J]. Journal of the American Chemical Society, 2018, 140: 16514-16520.

[21] Ji S, Qu Y, Wang T, et al. Rare-earth single erbium atoms for enhanced photocatalytic CO_2 reduction [J]. Angewandte Chemie International Edition International Edition, 2020, 59: 10651-10657.

[22] Wang Q, Miao Z, Zhang Y, et al. Photocatalytic reduction of CO_2 with H_2O mediated by Ce-tailored bismuth oxybromide surface frustrated lewis pairs [J]. ACS Catalysis, 2022, 12(7): 4016-4025.

[23] Yan Z H, Du M H, Liu J, et al. Photo-generated dinuclear $\{Eu(II)\}_2$ active sites for selective CO_2 reduction in a photosensitizing metal-organic framework [J]. Nature Communications, 2018, 19: 3353.

[24] Wang G, He C T, Huang R, et al. Photoinduction of Cu Single Atoms Decorated on UiO-66-NH_2 for Enhanced Photocatalytic Reduction of CO_2 to Liquid Fuels [J]. Journal of the American Chemical Society, 2020, 142: 19339-19345.

[25] Zhang Q, Huang L, Kang S, et al. CuO/Cu_2O nanowire arrays grafted by reduced graphene oxide: synthesis, characterization, and application in photocatalytic reduction of CO_2 [J]. RSC Advances, 2017, 7:43642-43647.

[26] He L, Zhang W, Zhao K, et al. Core–shell Cu@Cu_2O nanoparticles embedded in 3D honeycomb-like N-doped graphitic carbon for photocatalytic CO_2 reduction [J]. Journal of Materials Chemistry A, 2022, 10: 4758-4769.

第 8 章　总结与展望

光催化CO_2还原是一种可持续的减排策略，其可以利用清洁、可再生的太阳能产生高价值的化学品和燃料。近三十年来，这一新兴领域的催化剂数量显著增加，并且还在不断增长。在催化剂开发、反应器设计、工艺优化和机理探索等方面取得了许多鼓舞人心的进展，显著提高了光催化性能。本书主要介绍了几类典型的催化剂，但是光催化CO_2还原还远远没有达到实际应用的地步，虽然目前报道的这些光催化剂都表现出较好的光催化效率，但仍然存在一些关键的科学问题，在未来需要继续深入研究和克服。

首先，光催化CO_2还原过程中的吸附/活性位点和反应中间体的动力学信息不足，导致反应机理不清晰。因此，为了获得可靠的信息，应开发具有实时监测催化过程变化的原位表征设备。此外，根据已有的实验数据，目前的计算方法无法严格模拟复杂的光催化CO_2还原体系，计算结果仅能作为实验结果的补充。所以，要找到一种可靠的计算方法来阐明催化机制，还有很长的路要走。

其次，催化剂设计是提高光催化性能的核心要素。理想的催化剂应表现出高催化效率、高选择性和优异的稳定性等符合可持续发展战略的良好特性。目前催化剂的设计策略主要有掺杂、助催化剂改性、尺寸调节、结构/形态控制和异质结的构建等，未来可以开发更多的优化策略。本书所介绍的几类催化剂各有优缺点，比如很多硫族半导体兼具光吸收和催化的特性，但是它们的CO_2吸附性能比较差；MOFs等多孔材料具有优异的气体吸附性能，但是吸光性能和电荷分离效率有待提高；卤素钙钛矿具有优异的光吸收性能，但是稳定性较差；金属纳米簇具有良好的电荷分离效率，但是分散性不好。因此，设计具有优势互补的催化剂，值得更多的关注。

最后，为了降低实验成本，实现就地取材，例如利用烟道气进行CO_2光催化性能实验，科研工作者应更加努力在O_2、N_2和SO_2等其他气体存在的情况下进行低浓度CO_2的光催化测试。优化整个催化系统，包括催化剂、还原剂、反应器和操作条件等，以便后续将CO_2光催化还原真正应用到实际生产中。

我们相信光催化CO_2减排将是解决能源和环境相关关键问题的有效和可持续的策略之一。